从新手到高手

After Effects 2023
从新手到高手

李昔 / 编著

清华大学出版社
北京

内 容 简 介

本书是一本 After Effects 2023 的学习教程，全书从初学者的角度出发，以"基础＋实战"的形式，全方位详解 After Effects 2023 软件的基本功能和操作技巧。

本书共 12 章，从基础的工作界面及面板介绍开始，逐步讲解项目与素材的管理、文字动画的创建、蒙版的应用、视频画面校色、抠像与合成、视频和音频特效的应用、三维空间效果、视频的渲染与输出等核心功能，最后通过两个综合案例综合演练前面所学知识。

本书适合 After Effects 2023 初学者学习使用，还可以作为各大高校及相关培训机构的培训教材。

图书在版编目 (CIP) 数据

After Effects 2023 从新手到高手 / 李昔编著 . —北京：清华大学出版社，2024.4
　　（从新手到高手）
　　ISBN 978-7-302-66003-3

　　Ⅰ . ① A… 　Ⅱ . ①李… 　Ⅲ . ①图像处理软件 　Ⅳ . ① TP391.413

中国国家版本馆 CIP 数据核字 (2024) 第 069402 号

责任编辑：陈绿春
封面设计：潘国文
版式设计：方加青
责任校对：胡伟民
责任印制：沈　露

出版发行：清华大学出版社
　　　　网　　　址：https://www.tup.com.cn，https://www.wqxuetang.com
　　　　地　　　址：北京清华大学学研大厦 A 座　　　　邮　　编：100084
　　　　社 总 机：010-83470000　　　　邮　　购：010-62786544
　　　　投稿与读者服务：010-62776969，c-service@tup.tsinghua.edu.cn
　　　　质 量 反 馈：010-62772015，zhiliang@tup.tsinghua.edu.cn
印 装 者：三河市龙大印装有限公司
经　　销：全国新华书店
开　　本：188mm×260mm　　　印　　张：11　　　字　　数：360 千字
版　　次：2024 年 6 月第 1 版　　　印　　次：2024 年 6 月第 1 次印刷
定　　价：79.00 元

产品编号：101506-01

After Effects 2023是一款由Adobe公司开发的电影视觉效果和动态图形制作软件，是目前主流的影视后期合成软件之一。该软件可应用于影视后期特效、影视动画、行业宣传片、产品宣传、电视节目包装、社交短视频制作等领域，其强大的兼容性使其能够与多种2D或3D软件互通应用。在众多的影视后期制作软件中，After Effects凭借其出色的表现力以及丰富的视频特效、强大的影视后期处理能力，长期占据着主导地位。

一、编写目的

鉴于After Effects 2023强大的影视后期处理能力，我们力图编写一本全方位介绍该软件使用方法与技巧的新手学习教程，书中将结合当下热门行业的案例实训，帮助读者逐步掌握并灵活使用After Effects 2023软件。

二、本书内容安排

本书共12章，精心安排了30多个具有针对性的案例，带领读者一步一步领略After Effects 2023软件的强大功能。

章	内 容 安 排
第1章　初识 After Effects 2023	本章对 After Effects 2023 的新增特性及安装运行环境进行介绍，之后详细介绍软件的工作界面及面板，以及安全框、网格、参考线等辅助功能的应用
第2章　项目与素材的管理	本章介绍新建项目与合成、素材的管理、素材层管理等基本操作，同时讲解位置、缩放、旋转等基本层属性的编辑操作
第3章　文字动画的创建	本章主要介绍关键帧的基本操作，并对创建文字动画的相关属性及操作进行详细讲解
第4章　蒙版的应用	本章主要介绍蒙版的相关应用，包括创建蒙版、编辑蒙版和设置蒙版属性等
第5章　视频画面校色	本章介绍 After Effects 中有关视频画面调色的相关基础知识，并对一些常用的颜色校色效果进行详细讲解
第6章　抠像与合成	本章对抠像与合成的基础进行了介绍，并对 After Effects 中常用的抠像类效果进行详细讲解
第7章　视频特效的应用	本章介绍视频特效的基本用法，并依照类别对一些常用的视频特效进行详细讲解
第8章　音频特效的应用	本章介绍音频素材的基本操作，并对 After Effects 中主要的音频效果进行详细讲解
第9章　三维空间效果	本章对三维层的基本概念及操作进行详细介绍，同时讲解三维摄像机及灯光的创建与应用

续表

章	内 容 安 排
第 10 章　视频的渲染与输出	本章介绍数字视频的压缩基础，随后讲解设置渲染工作区、渲染队列窗口、设置渲染模板等内容
第 11 章　综合实例——人物粒子消散特效	本章以综合实例的形式，详细讲解人物消散特效的制作方法
第 12 章　综合实例——商业 MG 动画	本章以综合实例的形式，详细讲解商业 MG 动画的制作方法

三、本书写作特色

总的来说，本书有如下特点。

■ 由易到难，轻松学习

本书完全站在初学者的立场，由浅至深地对After Effects 2023的常用工具、功能、技术要点进行详细且全面的讲解。实战案例覆盖面广，从基本内容到行业应用均有涉及，可满足绝大多数的设计需求。

■ 全程图解，一看即会

全书使用全程图解和示例的讲解方式，以图为主、文字为辅。通过这些辅助插图，帮助读者轻松学习、快速掌握。

■ 知识点全，覆盖面广

除了基本内容的讲解，书中为读者贴心安排了大量提示技巧内容，用于对相应概念、操作技巧和注意事项等进行深层次解读。

四、配套资源下载

本书的相关视频可扫描书中相关位置的二维码直接观看。本书的配套素材和视频教学文件请用微信扫描右侧的二维码进行下载。

配套资源

如果在配套资源的下载过程中碰到问题，请联系陈老师，联系邮箱chenlch@tup.tsinghua.edu.cn。

五、作者信息和技术支持

本书由长春科技学院视觉艺术学院李昔编著。本书为2021年度吉林省高等教育学会一般课题，建构主义视域下的线上线下混合式教学模式在艺术设计类课程中的探索（课题编号JGJX2021D599）。在编写本书的过程中，我们以科学、严谨的态度，力求精益求精，但疏漏之处在所难免，如果有任何技术上的问题，请扫描右侧的二维码，联系相关的技术人员进行解决。

技术支持

编者
2024年5月

CONTENTS 目录

第 1 章　初识 After Effects 2023

第 2 章　项目与素材的管理

第3章 文字动画的创建

第4章 蒙版的应用

第5章 视频画面校色

第 7 章　视频特效的应用

第 6 章　抠像与合成

第8章　音频特效的应用

第 12 章 综合实例——商业 MG 动画

第1章

初识 After Effects 2023

After Effects 2023是一款由Adobe公司开发的电影视觉效果和动态图形软件，可用于2D和3D动画的制作与合成，能够为影片打造酷炫、超现实的视觉特效，生成令人惊叹的影视作品。本章首先了解其工作界面和辅助功能的应用，为后面章节的深入学习打下坚实的基础。

本章重点

◎ After Effects 2023安装运行环境　　◎ After Effects 2023工作界面

◎ 常用面板及工具栏　　　　　　　　　◎ 常用辅助功能的使用技巧

1.1
After Effects 2023 概述

经过不断地更新与升级，After Effects已经升级为2023版本，提供了数百种预设的效果和动画，能够为用户的影视作品增添令人耳目一新的效果。此外，After Effects软件还具备极强的兼容性，可以与Photoshop、Premiere等其他Adobe软件实现无缝链接。

1.1.1 After Effects 2023 新增特性

图1-1所示为After Effects 2023的启动界面。After Effects 2023相较之前的版本有了很大的提升，不仅优化了界面显示，还新增了许多优化视觉效果的新功能。

图1-1

1. 新的合成预设列表

合成预设列表已彻底修改，这个预设和Premiere新建系列预设类似，可以直接使用常用的预设。

2. 可选轨道遮罩图层

使用"时间轴"面板中新的"轨道遮罩"下拉菜单，将任何图层用作轨道遮罩，可使合成更简单、更灵活，如图1-2所示。

图1-2

3. 原生H.264编码

2023版本回归支持H.264编码，支持直接输出MP4视频，加上多帧渲染加持，性能大幅度提升，渲染更快。

4. Frame.io集成

现已内置于After Effects 和 Premiere Pro 中，适用于 Creative Cloud 的 Frame.io，为用户提供实时审阅和审批以及云媒体共享。

5. 新动画预设

After Effects 2023增加了50多个动画预设，直接套用这些预设，可以高效地制作出相应的效果。

6. 更快的时间轴导航

按住 Shift 键，同时按J和K键，可在选定图层和属性上的关键帧和标记之间快速跳转。

7. Cinema 4D可选安装程序

在安装After Effects 2023时，可以选择使用新的附加组件选项下载 Cinema 4D，当然，如果有安装 Cinema 4D R25 或者更高版本，也可以调用Cinema 4D渲染器。

1.1.2 安装运行环境

After Effects 2023对计算机的硬件设备有相应的配置要求。由于Windows操作系统和Mac OS（苹果计算机）操作系统之间存在差异，因此安装After Effects 2023的硬件要求也有所不同。

Windows系统运行After Effects 2023的最低系统要求如表 1-1所示。

表 1-1

处理器	带有64位支持的Intel或者AMD四核处理器
操作系统	Microsoft Windows 10（64位）版本1909及更高版本
RAM	至少16GB，建议32GB
GPU	2GB GPU VRAM
硬盘空间	15GB可用硬盘空间，在安装过程中需要额外的可用空间（无法安装在可移动闪存设备上）；建议用于磁盘缓存的额外磁盘空间为64GB
显示器分辨率	1920×1080或更高分辨率的显示器
Internet	用户必须具备Internet连接并完成注册，才能进行所需的软件激活、订阅验证和在线服务访问

Mac OS系统运行After Effects 2023的最低系统要求如表1-2所示。

表1-2

处理器	支持Intel、原声Apple Silicon、Rosetta 2的四核处理器
操作系统	Mac OS 10.15版及更高版本，注意Mac OS 10.12版不受支持
RAM	至少16GB，建议32GB
GPU	2GB GPU VRAM
硬盘空间	15GB可用硬盘空间用于安装，在安装过程中需要额外的可用空间（无法安装在使用区分大小写的文件系统的卷上或可移动闪存设备上）；建议用于磁盘缓存的额外磁盘空间为64GB
显示器分辨率	1440×900或更高分辨率的显示器
Internet	用户必须具备Internet连接并完成注册，才能进行所需的软件激活、订阅验证和在线服务访问

1.2
工作界面及面板详解

完成After Effects 2023的安装后，双击计算机桌面上的软件快捷图标，即可启动After Effects 2023。首次启动After Effects 2023，显示的是默认工作界面，该界面包括集成的窗口、面板和工具栏等，如图1-3所示。

图1-3

1.2.1　工作界面

After Effects 2023在界面上合理地分配了各窗口的位置，并根据用户的制作需求，提供了几种预置的工作界面，通过这些预置命令，可以将界面切换到不同模式。

执行"窗口"|"工作区"命令，可在展开的级联菜单中看到After Effects 2023提供的多种预置工作模式选项，如图1-4所示，用户可以根据实际需求选择将工作界面切换为何种模式。

```
标准
小屏幕
所有面板
学习                    Shift+F12
效果
浮动面板
简约
动画
基本图形
审阅                    Shift+F11
库
文本
绘画
运动跟踪
颜色
✓ 默认                  Shift+F10

将"默认"重置为已保存的布局
保存对此工作区所做的更改
另存为新工作区...

编辑工作区...
```

图1-4

> 提示：除了选择预置的工作模式，用户也可以根据自己的喜好来设置工作模式。在工作界面中添加了所需的工作面板后，执行"窗口"|"工作区"|"另存为新工作区"命令，即可将自定义的工作界面添加至级联菜单。

1.2.2　项目面板

"项目"面板位于工作界面的左上角，主要用于组织和管理视频项目中所使用的素材及合成。视频制作所使用的素材，都需要先导入"项目"面板。在"项目"面板中可以查看到每个合成及素材的尺寸、持续时间和帧速率等信息。单击"项目"面板右上角的菜单按钮，可展开菜单查看各项命令，如图1-5所示。

"项目"面板中常用菜单命令说明如下。

● 关闭面板：将当前的面板关闭。

● 浮动面板：将面板的一体状态解除，使其变成浮动面板。

● 列数：在"项目"面板中显示素材信息栏队列的内容，其下级菜单中勾选的内容也被显示在"项目"面板中。

图1-5

- 项目设置：打开"项目设置"对话框，在其中可以进行相关的项目设置。
- 缩览图透明网格：当素材具有透明背景时，勾选此选项可以以透明网格的方式显示缩览图的透明背景部分。

在After Effects 2023中，用户可以通过文件夹的形式来管理"项目"面板，将不同的素材以不同的文件夹分类导入，方便视频素材的编辑处理。用户在"项目"面板中添加素材后，在素材目录区的上方表头标明了素材、合成或文件夹的相关属性，如图1-6所示。

图1-6

相关属性说明如下。

- 名称：显示素材、合成或文件夹的名称，单击该名称图标，可以将素材以名称方式进行排序。
- 标记：可以利用不同的颜色来区分项目文件，同样单击该图标，可以将素材以标记的方式进行排序。如果要修改某个素材的标记颜色，直接单击该素材右侧的颜色按钮，在弹出的快捷菜单中，选择适合的颜色即可。
- 类型：显示素材的类型，如合成、图像或音

频文件。单击该名称图标，可以将素材以类型的方式进行排序。
- 大小：显示素材文件的大小。单击该名称图标，可以将素材以大小的方式进行排序。
- 帧速率：显示每秒钟刷新图片的帧数，每秒钟帧数（FPS）越多，所显示动作就越流畅。
- 入点、出点：显示图层有效区域的开始点和结束点。
- 媒体持续时间：显示素材的持续时间。单击该名称图标，可以使素材以持续时间的方式进行排序。
- 文件路径：显示素材的存储路径，便于素材的更新与查找。

1.2.3　合成面板

"合成"面板是用来预览视频当前效果或最终效果的区域，在该窗口中可以预览编辑时的每一帧的效果，同时可以调节画面的显示质量，合成效果可以分通道显示各种标尺、栅格线和辅助线，如图1-7所示。

图1-7

"合成"面板中常用工具介绍如下。

- (36.5%) 放大率弹出式菜单：用于设置显示区域的缩放比例，如果选择其中的"适合"选项，无论怎么调整窗口大小，窗口内的视图都将自动适配画面的大小。
- 选择网格和参考线选项：用于设置是否在"合成"面板显示安全框和标尺等。
- 切换蒙版和形状路径可见性：控制是否显示蒙版和形状路径的边缘，在编辑蒙版时必须激活该按钮。
- 0:00:00:00 预览时间：设置当前预览视频所处的时间位置。

- ⬛拍摄快照：单击该按钮可以拍摄当前画面，并且将拍摄好的画面转存到内存中。
- ⬛显示快照：单击该按钮显示最后拍摄的快照。
- ⬛显示通道及色彩管理设置：选择相应的颜色，可以分别查看红、绿、蓝和Alpha通道。
- ⬛目标区域：仅渲染选定的某部分区域。
- ⬛切换透明网格：使用这种方式可以方便地查看具有Alpha通道的图像边缘。
- ⬛(二分_⌄)设置预览画面的分辨率。
- ⬛快速预览：可以设置多种不同的渲染引擎。
- ⬛重置曝光度：重新设置曝光度。
- ⬛调整曝光度：用于调节曝光度。

在该窗口中，单击"合成"选项后的蓝色文字，可以在弹出的快捷菜单中选择要显示的合成，如图1-8所示。单击右上角的⬛按钮，会弹出如图1-9所示的快捷菜单。

常用菜单命令介绍如下。

- 合成设置：执行该命令，可以打开"合成设置"对话框。
- 启用帧混合：开启合成中视频的帧混合开关。
- 合成流程图：梳理层次关系，用于方便找到所需的合成。
- 始终预览此视图：固定该视图，画面中将始终播放该视图。

- 主查看器：使用此查看器进行音频和外部视频预览。

图1-8　　　　　　　图1-9

1.2.4　时间轴面板

"时间轴"面板是后期特效处理和制作动画的主要区域，如图1-10所示。在添加不同的素材后，将产生多层效果，通过对层的控制可完成动画的制作。

图1-10

"时间轴"面板中常用工具介绍如下。

- ⬛当前时间：显示时间指示滑块所在的当前时间。
- ⬛合成微型流程图：合成微型流程图开关。
- ⬛隐藏为其设置了"消隐"开关的所有图层：使用这个开关，可以暂时隐藏设置了"消隐"开关的图层。
- ⬛为设置了"帧混合"开关的所有图层启用帧混合：用帧混合设置开关打开或关闭全部

对应图层中的帧混合。

- ⬛为设置了"运动模糊"开关的所有图层启用运动模糊：用运动模糊开关打开或关闭全部对应图层中的运动模糊。
- ⬛图表编辑器：可以打开或关闭对关键帧进行图表编辑的窗口。

1.2.5　效果和预设面板

"效果和预设"面板中提供了众多视频特效，

是进行视频编辑时不可或缺的工具面板，主要针对
时间轴上的素材进行特效处理，如图1-11所示。

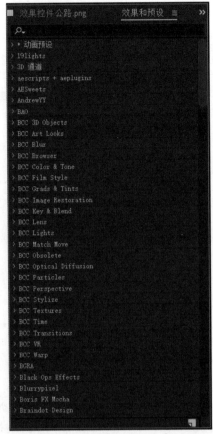

图1-11

1.2.6 效果控件面板

"效果控件"面板主要用于对各种特效进行
参数设置，当某种特效添加到素材上时，该面板将
显示该特效的相关参数设置界面，可以通过设置参
数对特效进行修改，以便达到所需的最佳效果，如
图1-12所示。

图1-12

1.2.7 字符面板

执行菜单栏中的"窗口"|"字符"命令，可以

打开"字符"面板，如图1-13所示。"字符"面板
主要用来对输入的文字进行相关属性设置，包括字
体、字体大小、颜色、描边和行距等参数。

图1-13

1.2.8 图层面板

在"图层"面板中，默认情况下是不显示图像
的，如果要在"图层"窗口中显示画面，在"时间
轴"面板中双击该素材层，即可打开该素材的"图
层"窗口，如图1-14所示。

图1-14

"图层"窗口是进行素材修剪的重要部分，
常用于素材的前期处理，如入点和出点的设置。处
理入点和出点的方法有两种：一种是在时间轴窗口
中，直接通过拖动改变层的入点和出点；另一种是
可以在"图层"窗口中，通过单击"将入点设置为
当前时间"按钮设置素材入点，单击"将出点设
置为当前时间"按钮设置素材出点，以制作出符
合要求的视频。

1.2.9 工具栏

执行"窗口"|"工具"命令，或按快捷键
Ctrl+1，可以打开或关闭工具栏，如图1-15所示。

工具栏中包含常用的工具，使用这些工具可以在"合成"窗口中对素材进行一系列编辑操作，如移动、缩放、旋转、输入文字、创建蒙版和绘制图形等。

图1-15

提示：在工具栏中，部分工具按钮的右下角有一个三角形箭头，表示该工具还包含其他工具，在该工具上长按鼠标左键，即可显示出其他工具。

1.3
辅助功能的应用

在进行素材的编辑时，"合成"窗口下方有一排功能菜单和功能按钮，它的许多功能与"视图"菜单中的命令相同，主要用于辅助编辑素材，包括显示比例、安全框、网格、参考线、标尺快照等。

1.3.1　安全框

在After Effects 2023中，为了防止画面中的重要信息丢失，可以启用安全框。单击"合成"窗口下方的"选择网格和参考线选项"按钮 ，在弹出的菜单中选择"标题/动作安全"选项，即可显示安全框，如图1-16所示。

如果需要隐藏安全框，则单击"合成"窗口下方的"选择网格和参考线选项"按钮 ，在弹出的

菜单中再次选择"标题/动作安全"选项，即可隐藏安全框。

图1-16

提示：从启动的安全框中可以看出，有两个安全区域。内部方框为"字幕安全框"，外部方框为"运动安全框"。通常来讲，重要的图像要保持在"运动安全框"内，而动态的字幕及标题文字应该保持在"字幕安全框"以内。

执行"编辑"|"首选项"|"网格和参考线"命令，打开"首选项"对话框，在"安全边距"选项组中，可以设置"动作安全"和"字幕安全"的大小，如图1-17所示。

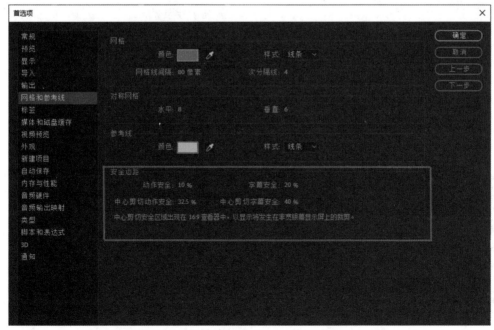

图1-17

1.3.2　网格

在素材编辑过程中，若需要精确地对像素进行定位和对齐，可以借助网格来完成。默认情况下，网格为绿色效果，如图1-18所示。

图1-18

在After Effects 2023中，启用网格的方法有以下几种。

- 执行"视图"|"显示网格"命令，即可显示网格。
- 单击"合成"窗口下方的"选择网格和参考线选项"按钮，在弹出的菜单中执行"网格"命令，即可显示网格。
- 按快捷键Ctrl+'，可显示或关闭网格。

提示：执行"编辑"|"首选项"|"网格和参考线"命令，打开"首选项"对话框，在"网格"选项组中，可以对网格的间距和颜色进行设置。

1.3.3　参考线

参考线主要应用在素材的精确定位和对齐操作中，参考线相对于网格来说，操作更加灵活，设置更加随意。执行"视图"|"显示标尺"命令，将标尺显示出来，然后将光标移动到水平标尺或垂直标尺的位置，当光标变为双箭头时，向下或向右拖动光标，即可拉出水平或垂直参考线。重复拖动，可以拉出多条参考线，如图1-19所示。

图1-19

提示：执行"视图"|"对齐到参考线"命令，启动参考线的吸附属性，可以在拖动素材时，在一定距离内与参考线自动对齐。

1.3.4　实战——标尺的使用

在创建影片编辑项目后，执行"视图"|"显示标尺"命令，或按快捷键Ctrl+R，即可显示水平和垂直标尺。下面演示标尺及参考线的各项基本操作。

扫码看教学视频

01 导入素材。启动After Effects 2023软件，单击主页"新建项目"按钮，按快捷键Ctrl+I，导入"公路.png"素材并拖入"时间轴"面板，效果如图1-20所示。

图1-20

02 显示标尺。展开"视图"菜单，执行"视图"|"显示标尺"命令，或直接按快捷键Ctrl+R显示标尺，如图1-21所示。

03 隐藏标尺。标尺在"合成"面板中如图1-22所示。如果不再需要显示标尺，可再次执行之前的操作或按快捷键Ctrl+R。

04 创建参考线。在标尺上拖动，可以拉出参考线，如图1-23所示。

05 如果想删除其中的一条或多条参考线，可以将光标移动到对应的参考线上方，当光标变为双箭头状态时，按住鼠标左键将其拖出窗口范围即可。

06 锁定参考线。如果不想在操作中改变参考线的位置，可以执行"视图"|"锁定参考线"命令，锁定参考线，锁定后的参考线将不能再次被拖动改变位置。如果想再次修改参考线的位置，可以执行"视图"|"锁定参考线"命令，将"√"标记去除，取消参考线的锁定。

图1-21

图1-22

图1-23

键，标尺上的新原点将出现在刚才释放鼠标左键的位
置，如图1-25所示。

图1-24

07 创建新原点。清除参考线后，在"合成"窗口中
观察标尺原点的默认位置，位于窗口的左上角，将光
标移动到左上角标尺交叉点的位置（即原点上），如
图1-24所示。然后按住鼠标左键进行拖动，此时将出
现一组十字线，当拖动到合适的位置时，释放鼠标左

图1-25

08 还原原点。如果需要将标尺原点还原到默认位置，在"合成"窗口左上角的标尺原点处双击即可。

09 设置参考线。执行"编辑"|"首选项"|"网格和参考线"命令，打开"首选项"对话框，在"参考线"选项组中，可以设置参考线的"颜色"和"样式"，如图1-26所示。

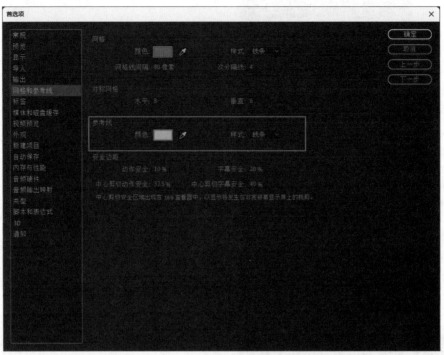

图1-26

1.3.5 快照

快照就是将当前窗口中的画面进行预存，然后在编辑其他画面时，显示快照内容进行对比，这样可以更全面地把握各画面的效果。需要注意的是，显示快照并不会影响当前画面的图像效果。

单击"合成"窗口下方的"拍摄快照"按钮 📷，即可将当前画面以快照的形式暂时保存起来，如图1-27所示。如果需要应用快照，可将时间滑块拖动到要进行比较的画面帧位置，然后按住"合成"窗口下方的"显示快照"按钮 🔗 不放，将显示最后一个快照效果的画面，如图1-28所示。

图1-28

1.3.6 显示通道

选择不同的通道，观察通道颜色的比例，有助于用户进行图像色彩的处理，在抠图时更加容易掌控。在After Effects 2023中显示通道的方法非常简单，单击"合成"窗口下方的"显示通道及色彩管理设置"按钮 ▦，弹出如图1-29所示的菜单，此时可以选择不同的通道选项来显示不同的通道模糊效果。

提示：在选择不同的通道时，"合成"窗口边缘将显示不同通道颜色的标识方框，以区分通道显

图1-27

示。同时，在选择红、绿、蓝通道时，"合成"窗口显示的是灰色的图案效果，如果想显示出通道的颜色效果，可以在下拉菜单中选择"彩色化"选项。

图1-29

1.3.7 分辨率解析

分辨率的大小直接影响图像的显示效果，在对影片进行渲染时，设置的分辨率越大，影片的显示质量就越好，但渲染的时间也会相应变长。如果在制作影片的过程中，只想查看影片的大概效果，而不是最终输出，这时就可以考虑应用低分辨率来提高渲染的速度，更好地提升工作效率。

单击"合成"窗口下方的"分辨率/向下采样系数弹出式菜单"按钮 完整，将弹出如图1-30所示的菜单，在该菜单中选择不同的选项，可以设置不同的分辨率效果。

图1-30

菜单选项说明如下。

- 完整：主要在最终的输出时使用，表示渲染影片时，以最好的分辨率效果来渲染。
- 二分之一：在渲染影片时，只以影片中二分之一大小的分辨率来渲染。
- 三分之一：在渲染影片时，只以影片中三分之一大小的分辨率来渲染。
- 四分之一：在渲染影片时，只以影片中四分之一大小的分辨率来渲染。
- 自定义：选择该选项，将打开"自定义分辨率"对话框，在该对话框中，可以设置水平

和垂直每隔多少像素来渲染影片，如图1-31所示。

图1-31

1.3.8 实战——设置目标区域预览

在渲染影片时，除了使用分辨率设置来提高渲染速度，还可以应用区域预览快速渲染影片。

扫码看教学视频

01 导入素材。启动After Effects 2023软件，单击主页"新建项目"按钮，按快捷键Ctrl+I，导入"下雨.mp4"素材并拖入"时间轴"面板，效果如图1-32所示。

图1-32

02 单击"合成"窗口底部的"目标区域"按钮，按钮激活后将变为蓝色，如图1-33所示。

图1-33

03 在"合成"窗口中单击拖动绘制一个区域，如图1-34所示。

图1-34

04 释放鼠标左键后，对视频进行播放，即可看到区域预览的效果，如图1-35所示。

图1-35

提示：区域预览与分辨率解析不同的地方在于，区域预览可以预览影片的局部，而分辨率解析不可以。

1.3.9 实战——画面的缩放操作

在素材编辑过程中，为了更好地查看影片的整体效果或细微之处，可以对素材画面进行放大或缩小处理。下面介绍缩放素材的两种常规操作方法。

扫码看教学视频

01 导入素材。启动After Effects 2023软件，单击主页"新建项目"按钮，按快捷键Ctrl+I，导入"森林.png"素材并拖入"时间轴"面板，效果如图1-36所示。

图1-36

02 放大显示区域。在工具栏中单击"缩放工具"按钮，或按Z键选择该工具。接着在"合成"窗口中单击，即可放大显示区域，如图1-37所示。

图1-37

03 缩小显示区域。如果需要将显示区域缩小，则按住Alt键并单击，即可将显示区域缩小，如图1-38所示。

图1-38

04 下面介绍第2种方法。单击"合成"窗口下方的"放大率弹出式菜单"按钮 50% ⌄ ，在弹出的菜单中，选择合适的缩放比例，即可按所选比例对素材进行缩放操作，如图1-39所示。

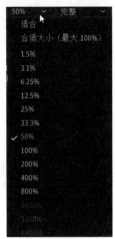

图1-39

提示：如果想让素材快速返回到原尺寸100%显示状态，可以在工具栏中直接双击"缩放工具"按钮 。

1.4
本章小结

　　本章介绍了After Effects 2023的新增特性、工作界面及重要的工具面板，并对一些常用辅助功能进行了深入讲解。通过本章的学习，各位读者可以对After Effects 2023这款视频编辑软件有一个初步的认识，这有助于大家日后更为方便地操作该款软件。

第2章
项目与素材的管理

本章将介绍项目与合成的新建，以及素材的各项管理操作，同时讲解在After Effects 2023中如何创建、编辑和使用素材层。

本章重点

◎ 新建项目与合成　　　　　◎ 素材的管理

◎ 素材层的基本操作　　　　◎ 素材层的基本属性

2.1
新建项目与合成

在编辑视频文件时，首先需要做的就是根据视频用途创建一个项目文件。首次启动After Effects 2023，在弹出的"主页"面板中，可以选择新建项目或打开已有项目，如图2-1所示。

图2-1

扫码看教学视频

2.1.1 实战——创建项目及合成文件

创建项目及合成文件，是在After Effects 2023中展开编辑工作的第一步，具体的操作方法如下。

01 创建项目。启动After Effects 2023软件，执行"新建"|"新建项目"命令，或按快捷键Ctrl+Alt+N，新建一个项目文件，如图2-2所示。

图2-2

02 创建合成。执行"合成"|"新建合成"命令，如图2-3所示。或在"项目"面板中右击，在弹出的快捷菜单中选择"新建合成"选项，即可打开"合成设置"对话框，如图2-4所示。

图2-3

图2-4

03 调整合成参数。在"合成设置"对话框中，根据需要输入名称，设置尺寸、帧速率、持续时间等参数后，单击"确定"按钮，即可完成合成文件的创建，在"项目"面板中将显示此合成，如图2-5所示。

图2-5

04 创建合成文件后，如果想对合成设置进行修改，可执行"合成"|"合成设置"命令，如图2-6所示，再次打开"合成设置"对话框，对内容进行修改。

图2-6

2.1.2 保存项目文件

在完成项目的编辑后，需要及时保存项目文件，以免因为计算机出错或断电等情况造成不必要的损失。在After Effects 2023中，保存项目文件的方法有以下几种。

如果需要保存新建的项目文件，可执行"文件"|"保存"命令，或按快捷键Ctrl+S，打开"另存为"对话框，如图2-7所示。在该对话框中可以自定义文件的保存位置、"文件名"及"保存类型"，完成操作后，单击"保存"按钮即可。

图2-7

提示：如果是第一次保存项目，执行"文件"|"保存"命令后，将打开"另存为"对话框。如果之前已经对项目进行过保存操作，则执行命令后，不再弹出"另存为"对话框，而是直接将文件按原来的设置进行覆盖保存。

如果不想覆盖原文件,想将项目另外保存为一个副本,可执行"文件"|"另存为"命令,或按快捷键Ctrl+Shift+S,打开"另存为"对话框,在其中根据需要设置参数,并进行保存即可。

此外,还可以选择将文件以复制的形式进行另存,这样不会影响原文件的保存效果。执行"文件"|"另存为"|"保存副本"命令,即可将文件以复制的形式另存为一个副本,其参数设置与保存的参数相同。

2.1.3 打开项目文件

如果用户需要在After Effects 2023中打开已有的项目文件,可在菜单栏中执行"文件"|"打开项目"命令,或按快捷键Ctrl+O,如图2-8所示,在弹出的"打开"对话框中,选择所需项目文件,单击"打开"按钮即可,如图2-9所示。

提示:执行"文件"|"打开最近的文件"命令,在展开的级联菜单中,用户可以选择最近编辑过的项目文件快速读取。

图2-8

图2-9

2.2 素材的管理

在完成项目及合成文件的创建后,需要在"项目"面板或相关文件夹中导入素材文件,才能进行后续的编辑工作。在导入素材后,由于素材的类型各不相同,因此需要对素材进行归类和整理,以方便之后的项目编辑工作。

2.2.1 导入素材文件

在After Effects 2023中,素材的导入操作非常关键。在"项目"面板中导入素材的方法一般有以下几种。

- 执行"文件"|"导入"|"文件"命令,或按快捷键Ctrl+I,在打开的"导入文件"对话框中,选择需要导入的素材,单击"导入"按钮即可。
- 在"项目"面板的空白处右击,在弹出的快捷菜单中执行"导入"|"文件"命令,在打开的"导入文件"对话框中,选择要导入的素材,单击"导入"按钮即可。
- 在"项目"面板的空白处双击,在打开的"导入文件"对话框中,选择要导入的素材,单击"导入"按钮即可。
- 在Windows的资源管理器中,选择需要导入的文件,直接拖入After Effects 2023的"项目"面板即可。

2.2.2 实战——导入不同类型的素材文件

要想制作出丰富多彩的视觉特效，单凭借After Effects软件还是不够的，还需要借助其他软件进行辅助设计，并将其他软件制作的不同格式文件导入After Effects中处理。

扫码看教学视频

对于不同的格式文件，After Effects有着不同的导入设置，下面介绍两种常规格式文件的导入方法。

01 导入素材。启动After Effects 2023软件，执行"文件"|"导入"|"文件"命令，或按快捷键Ctrl+I，打开"导入文件"对话框，选择相关素材中的"星空.png"文件，如图2-10所示，单击"导入"按钮。

图2-10

02 完成上述操作后，将在"项目"面板中看到导入的图像文件，如图2-11所示。

图2-11

03 导入素材。执行"文件"|"导入"|"文件"命令，或按快捷键Ctrl+I，打开"导入文件"对话框，选择相关素材中的"星空.psd"文件，如图2-12所示，单击"导入"按钮。

04 选择导入模式。此时将打开一个以素材名命名的对话框，如图2-13所示，在该对话框中，指定要导入的类型，可以是素材，也可以是合成。

图2-12

图2-13

05 在对话框中，设置"导入种类"为"素材"时，单击"确定"按钮，如图2-14所示。可以在"项目"面板中看到"素材"的导入效果，如图2-15所示。

图2-14

图2-15

06 在对话框中，设置"导入种类"为"合成"时，单击"确定"按钮，如图2-16所示。可以在"项目"面板中看到"合成"的导入效果，如图2-17所示。

图2-16

图2-17

提示：在设置"导入种类"时，分别选择"合成"和"合成-保持图层大小"选项，导入后的效果看似是一样的，但是选择"合成"选项将PSD格式的素材导入"项目"面板时，每层大小取文档大小；选择"合成-保持图层大小"选项导入时，取每层的非透明区域作为每层的大小，即"合成"选项是以合成为大小，"合成-保持图层大小"选项是以图层中素材本身尺寸为大小。

扫码看教学视频

07 在选择"素材"导入类型时，"图层选项"选项组中的选项处于可用状态，选中"合并的图层"单选按钮，导入的图片将是所有图层合并后的效果；选中"选择图层"单选按钮，可以从右侧的下拉列表中选择PSD分层文件的某一个图层作为素材导入。

2.2.3　使用文件夹归类管理

素材的基本分类包括静态图像素材、视频动画素材、音频素材、标题字幕、合成素材等，可以以此来创建一些文件夹放置同类型文件，以便快速查找。

执行"文件"|"新建"|"新建文件夹"命令，或者在"项目"面板的空白处右击，在弹出的快捷菜单中执行"新建文件夹"命令，即可创建一个新的文件夹，如图2-18和图2-19所示。

图2-18

图2-19

提示：在"项目"面板的下方单击"新建文件夹"按钮 ，也可以快速创建一个新的文件夹。

2.2.4 实战——文件夹管理操作

在"项目"面板中新建文件夹后，可以对文件夹进行命名，并将导入的素材放置到文件夹中。下面介绍文件夹的基本操作方法。

扫码看教学视频

01 导入素材。启动After Effects 2023软件，单击主页"新建项目"按钮，执行"文件"|"导入"|"文件"命令，或按快捷键Ctrl+I，导入"素材1.png""素材2.png""视频1.mp4""视频2.mp4"素材，如图2-20所示。

图2-20

02 重命名。在"项目"面板中，单击右下角"新建文件夹"按钮，即可创建文件夹。选中文件夹，按Enter键激活后，输入新名称"图片"，再次按Enter键即可完成文件夹名称的更改，如图2-21所示。

图2-21

03 创建文件夹。用上述同样的方法，新建一个文件夹，将名称修改为"视频"，如图2-22所示。

图2-22

04 移动素材。在"项目"面板中，同时选中"素材1.png"和"素材2.png"素材文件，按住鼠标左键将文件拖动到"图片"文件夹上方，如图2-23所示。

图2-23

05 释放鼠标左键，即可将图片素材放置到"图片"文件夹中，如图2-24所示。

图2-24

06 用同样的方法，同时选中"视频1.mp4"和"视频2.mp4"素材文件，将它们拖入"视频"文件夹中，如图2-25所示。

图2-25

07 删除素材。选择"视频2.mp4"素材文件，按Delete键，或单击"项目"面板下方的"删除所选项目项"按钮，如图2-26所示，可将选中的文件删除。

图2-26

08 删除文件夹。若选中"视频"文件夹，按Delete键，或单击"项目"面板下方的"删除所选项目项"按钮，将弹出如图2-27所示的对话框，单击"删除"按钮，即可将选中的文件夹删除。

图2-27

09 替换素材。如果对导入的素材文件不满意，可对素材进行替换操作。在"项目"面板中，右击"视频1.mp4"素材文件，在弹出的快捷菜单中执行"替换

素材"|"文件"命令，如图2-28所示。

图2-28

10 替换素材。在打开的对话框中，选择相关素材中的"视频3.mp4"文件，如图2-29所示，然后单击"导入"按钮。

图2-29

提示：在进行上述文件的替换操作时，注意取消对话框中的"ImporterJPEG序列"复选框的勾选。

11 完成上述操作后，在"项目"面板中的"视频1.mp4"素材文件将被替换为"视频3.mp4"文件，如图2-30所示。

图2-30

提示：执行"文件"|"整理工程（文件）"命令，在级联菜单中可选择将"项目"面板中重复导入的素材删除，或者将面板中没有应用到的素材全部删除，如图2-31所示。

图2-31

2.2.5　实战——添加和移动素材

将素材添加至"项目"面板后，便可以将素材添加到"时间轴"面板中，并对素材层展开其他编辑操作。

扫码看教学视频

01 导入素材。启动After Effects 2023软件，单击主页"新建项目"按钮，执行"文件"|"导入"|"文件"命令，或按快捷键Ctrl+I，导入"森林.mp4"素材。

02 在"项目"面板中，选择"森林.mp4"素材文件，按住鼠标左键，将其直接拖入"时间轴"面板，如图2-32所示。

图2-32

03 将素材拖动到"时间轴"面板时，光标会发生相应变化，此时释放鼠标左键，即可将素材添加到"时间轴"面板中，在"合成"窗口中也能对素材进行预览，如图2-33所示。

04 默认情况下，添加的素材起点位于0:00:00:00位置，如果改变素材起点，可直接拖动素材层进行调整，如图2-34所示。

提示：在拖动素材层时，不但可以将起点后移，也可以选择将起点前移，即素材层可以向左或向右随意移动。

图2-33

图2-34

2.2.6　设置入点和出点

入点和出点即影片开始和结束时的时间位置。在After Effects 2023中，素材的入点和出点可以在"图层"窗口或"时间轴"面板中设置。

1. 在"图层"窗口中设置入点和出点

将素材添加到"时间轴"面板，然后在"时间轴"面板中双击素材，打开"图层"窗口，如图2-35所示。

图2-35

在"图层"窗口中，拖动时间滑块到需要设置成入点的时间点，单击"将入点设置为当前时间"按钮，即可设置当前时间为素材的入点，如图2-36所示。用同样的方法，将时间滑块拖动到需要设置成出点的时间点，然后单击"将出点设置为当前时间"按钮，即可设置当前时间为素材的出点，如图2-37所示。

图2-36

图2-37

2. 在"时间轴"面板中设置入点和出点

将素材添加到"时间轴"面板中，然后将光标放置在素材持续时间条的开始或结束位置，当光标变为双箭头状态时，向左或向右拖动，即可修改素材入点或出点的位置，如图2-38所示。

图2-38

2.3
素材层的基本操作

素材层是After Effects软件的重要组成部分，几乎所有的特效和动画制作都是在素材层中完成的。下面讲解素材层的创建及相关操作。

2.3.1 创建层

层的创建非常简单，只需将导入"项目"面板中的素材直接拖入"时间轴"面板中，即可完成素材层的创建。此外，用户还可以通过执行"图层"|"新建"命令，在展开的级联菜单中执行相应命令，创建相应的层，如图2-39所示。

新建(N)	>	文本(T)	Ctrl+Alt+Shift+T
图层设置...	Ctrl+Shift+Y	纯色(S)...	Ctrl+Y
打开图层(O)		灯光(L)...	Ctrl+Alt+Shift+L
打开图层源(U)	Alt+Numpad Enter	摄像机(C)...	Ctrl+Alt+Shift+C
在资源管理器中显示		空对象(N)	Ctrl+Alt+Shift+Y
		形状图层	
蒙版(M)	>	调整图层(A)	Ctrl+Alt+Y
蒙版和形状路径	>	内容识别填充图层...	
品质(Q)	>	Adobe Photoshop 文件(H)...	
开关(W)	>	Maxon Cinema 4D 文件(C)...	

图2-39

下面介绍几种常用素材层的创建方法。

1. 纯色层

纯色层也称为固态层。在After Effects 2023中，用户可以创建任何颜色和尺寸的纯色层。纯色层和其他素材层一样，可以在自身创建蒙版，也可以修改层的变换属性，还可以添加各种特效及滤镜。

创建纯色层的方法主要有以下两种。

● 执行"文件"|"导入"|"纯色"命令，或在"项目"面板的空白处右击，在弹出的快捷菜单中执行"导入"|"纯色"命令。通过此方法创建的纯色层只会显示在"项目"面板中作为素材使用，如图2-40所示。

图2-40

● 执行"图层"|"新建"|"纯色"命令，或按快捷键Ctrl+Y。通过此方法创建的纯色层

除了显示在"项目"面板的"纯色"文件夹中，还会自动放置在"时间轴"面板中的首层位置，如图2-41所示。

图2-41

2. 空对象层

空对象层可以在素材上进行效果和动画设置，有辅助动画制作的功能。创建空对象层可以通过执行"图层"|"新建"|"空对象"命令，也可以在"时间轴"面板的空白处右击，在弹出的快捷菜单中执行"新建"|"空对象"命令。

空对象层一般是通过父子链接的方式，使之与其他层相关联，并控制其他层的"位置""缩放""旋转"等属性，从而达到辅助动画制作的目的。展开层后方的"父级和链接"下拉列表，选择"空1"选项，可将素材层链接到空对象层上，如图2-42所示。在空对象层中进行操作时，其所链接的层也会应用同样的操作。

图2-42

3. 形状图层

形状图层常被用于创建各种图形，其创建方式可以通过执行"图层"|"新建"|"形状图层"命令，也可以在"时间轴"面板的空白处右击，在弹出的快捷菜单中执行"新建"|"形状图层"命令。

此外，当使用"钢笔工具" 或其他形状工具在"合成"窗口勾画图像形状时，绘制完成后，在"时间轴"面板中将自动生成形状图层，用户可以对创建的形状图层进行"位置""缩放""旋转""不透明度"等参数的调整，如图2-43

和图2-44所示。

图2-43

图2-44

4. 灯光、摄像机和调整图层等

灯光、摄像机和调整图层的创建方法与纯色层的创建方法类似，通过执行"图层"|"新建"命令，选择级联菜单中的选项即可完成对应素材层的创建。

在创建这类素材层时，系统会自动弹出相应的设置对话框，图2-45和图2-46所示分别为"灯光设

置"和"摄像机设置"对话框。

图2-45

图2-46

5. Photoshop图层

执行"图层"|"新建"|"Adobe Photoshop文件"命令，可以创建一个与当前合成尺寸一致的Photoshop图层，该图层会自动放置在"时间轴"面板的最上层，并且系统会自动打开这个Photoshop文件。

2.3.2 选择层

在后期制作时，经常需要选择一个或者多个素材层来进行编辑，因此如何选择素材层是大家需要掌握的基本操作技能，下面介绍几种选择层的方法。

1. 选择单个层

如果要选择单个层，只需在"时间轴"面板中单击所要选择的素材层，如图2-47所示。或者在"合成"窗口中，单击目标层，即可将"时间轴"面板中相对应的层选中，如图2-48所示。

图2-47

图2-48

2. 选择多个图层

如果要选择多个层，可以在按住Shift键的同时，单击选择多个连续的层；也可以按住Ctrl键，依次单击要选择的层名称位置，选择多个不连续的层，如图2-49所示。如果选择错误，可以按住Ctrl键再次单击层名称位置，取消该层的选择。

图2-49

3. 选择全部层

如果要选择全部层，可以执行"编辑"|"全选"命令，或按快捷键Ctrl+A；如果要取消层的选择，可以执行"编辑"|"全部取消选择"命令，或在"时间轴"面板的空白处单击，即可取消层的选择。

此外，还可以从"时间轴"面板中的空白处单击拖动一个矩形框，与框有交叉的层将被全部选中，如图2-50所示。

图2-50

4. 通过标签选择层

利用层名称前的标签颜色，可以快速选择具有相同标签颜色的层。在目标层的标签颜色块■上单击，在弹出的快捷菜单中执行"选择标签组"命令，即可选中具有相同标签颜色的层，如图2-51和图2-52所示。

图2-51

图2-52

2.3.3 实战——素材层的选择

用户可以在"时间轴"面板中单击选中所需素材层，并对层进行相应的编辑操作。下面通过练习来巩固层的选择操作。

扫码看教学视频

01 导入素材。启动After Effects 2023软件，单击主页"新建项目"按钮，执行"文件"|"导入"|"文件"命令或按快捷键Ctrl+I，导入"背景.png""树.png""太阳.png""云朵.png"素材。导入后依次拖动到"时间轴"面板，并调整图层上下位置，如图2-53所示。

图2-53

25

02 选取图层。在"时间轴"面板中，单击选中"云朵.png"素材层，如图2-54所示。选中该层后，在"合成"面板中的对应图像也将被选中，如图2-55所示。

图2-54

图2-55

03 选中多个图层。按住Ctrl键，在"时间轴"面板中选择"002.png"素材层，如图2-56所示。此时将"云朵.png"和"树.png"这两个素材层同时选中了，在"合成"窗口中对应的预览效果如图2-57所示。

图2-56

图2-57

04 全选图层。按住Shift键，在"时间轴"面板中选择"背景.png"素材，即可将所有素材层选中，如图2-58所示，在"合成"窗口中对应的预览效果如图2-59所示。

05 调整图层标签。单击"树.png"图层前的标签色块▓，将"云朵.png"和"树.png"设置为绿色，然后在弹出的快捷菜单中选择"选择标签组"选项，可

以将"时间轴"面板中具备相同颜色标签的素材层同时选中，如图2-60和图2-61所示。

图2-58

图2-59

图2-60

图2-61

2.3.4 删除层

在编辑视频时，由于错误操作可能会创建多余的层，此时可以对层进行删除操作。在"时间轴"面板中，选择要删除的层，执行"编辑"|"清除"命令，或按Delete键，即可将选中的层删除。

2.3.5 调整层的顺序

一般新创建的层会位于所有层的上方。但有时根据场景的安排，需要将层上下移动，这时就要对层的顺序进行调整。

在"时间轴"面板中选择一个层，按住鼠标左键将其拖动到需要放置的位置，出现一个蓝色长线时，释放鼠标左键即可改变层的顺序，如图2-62和图2-63所示。

图2-62

图2-63

想要改变层的顺序，还可以通过菜单命令来实现，执行"图层"|"排列"命令，在级联菜单中包含多个移动层的命令，如图2-64所示。

图2-64

2.3.6 复制和粘贴层

在"时间轴"面板中，选择需要进行复制的图层，执行"编辑"|"复制"命令，或按快捷键Ctrl+C，即可将层复制。接着，执行"编辑"|"粘贴"命令，或按快捷键Ctrl+V，即可将复制的层进行粘贴，粘贴的层将位于当前选择层的上方。

此外，还可以应用"重复"命令来复制和粘贴层。在"时间轴"面板中，选择需要进行复制的图层，执行"编辑"|"重复"命令，或按快捷键Ctrl+D，即可快速复制一个位于所选层上方的副本层。

2.3.7 合并层

为了方便整体制作动画和特效，有时需要将几个层合并在一起。在"时间轴"面板中，选择需要进行合并的层，右击，在弹出的快捷菜单中选择"预合成"选项，如图2-65所示。

图2-65

打开"预合成"对话框，如图2-66所示，在其中可以设置预合成的名称及相关属性，完成后单击"确定"按钮。完成操作后，选中并执行"预合成"命令的几个层将被合并到一个新的合成中，如图2-67所示。

提示：要执行"预合成"命令还可以选择按快捷键Ctrl+Shift+C。

图2-66

图2-67

2.3.8 拆分层

在After Effects 2023中，可以对"时间轴"面板中的层进行拆分。选择要进行拆分的层，将"当前时间指示器" 拖到需要拆分的位置，然后执行"编辑"|"拆分图层"命令，或按快捷键

Ctrl+Shift+D，即可将选择的层拆分为两个，如图2-68和图2-69所示。

图2-68

图2-69

2.4
认识层属性

在After Effects中，层属性是设置关键帧的基础。除了单独的音频素材层，其余的层都具备5个基本的变换属性，它们分别是"锚点""位置""缩放""旋转"和"不透明度"。

2.4.1 锚点

"锚点"是指层的轴心点，层的"位置""旋转"和"缩放"都是基于锚点来进行操作的，如图2-70所示，不同位置的锚点将使层的"位置""缩放"和"旋转"产生不同的视觉效果。在"时间轴"面板中，选择素材层，按A键，即可展开

"锚点"属性，如图2-71所示。

图2-70

图2-71

2.4.2 位置

"位置"属性可以控制素材在"合成"窗口中的相对位置。在"时间轴"面板中，选择素材层，按P键，即可展开"位置"属性，如图2-72所示。

图2-72

在After Effects 2023中，调整素材"位置"参数的方法有以下几种。

1. 拖动调整

在"时间轴"面板或"合成"窗口中选择素材，然后使用"选取工具" ▶，在"合成"窗口中拖动素材即可调整其位置，如图2-73所示。若按住Shift键，则可以将素材沿水平或垂直方向移动。

2. 方向键调整

选择素材后，按方向键来修改位置，每按一次，素材将向相应的方向移动1个像素。如果同时按住Shift键，素材将向相应方向一次移动10个像素。

图2-73

3. 数值调整

单击展开层列表，或直接按P键，然后单击"位置"右侧的数值区，激活后直接输入数值来修改素材位置。也可以在"位置"上右击，在弹出的快捷菜单中执行"编辑值"命令，打开"位置"对话框，重新设置数值，以修改素材位置，如图2-74所示。

图2-74

2.4.3 缩放

"缩放"属性主要用来控制素材的大小，可以通过直接拖动的方法来改变素材大小，也可以通过修改数值来改变素材的大小。在"时间轴"面板中，选择素材层，按S键，即可展开"缩放"属性，

如图2-75所示。在进行缩放操作时，软件默认的是等比例缩放。通过单击"约束比例"按钮 ∞ 将解除锁定，此时可对图层的宽度和高度分别进行调节。当设置的"缩放"属性为负值时，素材会翻转。

图2-75

> 提示：如果当前层为3D层，将显示一个"深度"选项，表示素材在Z轴上的缩放。

2.4.4 旋转

"旋转"属性主要用于控制素材在"合成"窗口中的旋转角度。在"时间轴"面板中，选择素材层，按R键，即可展开"旋转"属性，如图2-76所示。"旋转"属性由"圈数"和"度数"两个参数

组成,例如1x+30.0°就表示旋转了一圈后,再次旋转30度。

图2-76

2.4.5 不透明度

"不透明度"属性用来控制素材的透明程度。一般来说,除了包含通道的素材具有透明区域,其他素材都以不透明的形式出现,要想让素材变得透明,就要使用"不透明度"属性来修改。

调整"不透明度"属性的方法很简单,在"时间轴"面板中,选择素材层,按T键,即可展开"不透明度"属性,如图2-77所示。

图2-77

> 提示:一般情况下,每按一次图层属性快捷键,只能显示一种属性。如果需要同时显示多个图层属性,可以按住Shift键,同时加按其他图层属性的快捷键。

2.4.6 实战——编辑素材层

用户在"时间轴"面板中可以展开所选层的变换属性,对多项参数进行自定义设置,以生成理想的画面效果。

扫码看教学视频

01 导入素材。启动After Effects 2023软件,单击主页"新建项目"按钮,执行"文件"|"导入"|"文件"命令或按快捷键Ctrl+I,导入"背景.png""荷花.png""金鱼1.png"和"金鱼2.png"素材。

02 调整图层参数。在"项目"面板中,选择"背景.png"素材文件,将其拖入"时间轴"面板。选择"背景.png"图层,按S键显示"缩放"属性,调整

"缩放"参数为(120,120%),如图2-78所示。此时在"合成"窗口中对应的画面效果如图2-79所示。

图2-78

图2-79

03 调整图层参数。在"项目"面板中,选择"荷花1.png"素材文件,将其拖入"时间轴"面板,并放置在"背景.png"素材层上方。选择"荷花1.png"图层,按P键显示"位置"属性,然后按快捷键Shift+S,同时显示"缩放"属性,设置"位置"参数为(1944,1400),设置"缩放"参数为(51,51%),如图2-80所示。此时在"合成"窗口中对应的画面效果如图2-81所示。

图2-80

图2-81

04 调整图层参数。在"项目"面板中,选择"金鱼1.png"素材文件,将其拖入"时间轴"面板,并放置在"荷花1.png"素材层下方。选择"金鱼1.png"图层,按P键显示"位置"属性,然后按快捷键Shift+S,同时显示"缩放"属性,设置"位置"参数为(1676,1716),设置"缩放"参数为(25,25%),如图2-82所示。此时在"合成"窗口中对应的画面效果如图2-83所示。

图2-82

图2-83

05 调整图层参数。在"项目"面板中，选择"金鱼2.png"素材文件，将其拖入"时间轴"面板，并放置在"荷花.png"素材层下方。选择"金鱼2.png"图层，按P键显示"位置"属性，然后按快捷键Shift+S，同时显示"缩放"属性，设置"位置"参数为（924，1532），设置"缩放"参数为（50，50%），如图2-84所示。此时在"合成"窗口中对应的画面效果如图2-85所示。

图2-84

图2-85

06 选择"金鱼2.png"素材层，按住Shift键，在"时间轴"面板中单击"金鱼1.png"素材层，使图2-86所示的两个层同时被选中。

07 创建预合成。选中素材层后右击，在弹出的快捷菜单中执行"预合成"命令，打开"预合成"对话框，设置预合成名称为"金鱼嵌套"，如图2-87所

示，完成操作后，单击"确定"按钮。

图2-86

图2-87

08 此时在"时间轴"面板中所选择的3个层被组合成了"荷花嵌套"合成，如图2-88所示。

图2-88

09 调整图层参数。选择"荷花.png"素材层，执行"编辑"|"复制"命令（快捷键Ctrl+C）复制层，接着执行"编辑"|"粘贴"命令（快捷键Ctrl+V），将复制的层粘贴到上一层，然后设置层的"位置"参数为（3256，1332），设置"缩放"参数为（51，51%），设置"旋转"参数为0x-12.0°，如图2-89所示。

图2-89

10 至此，本实例就已经制作完毕，最终效果如图2-90所示。

图2-90

2.5
综合实战——创建星空动画

本例将结合本章所学知识，创建星空动画效果。首先将创建星空动画的素材及背景文件导入After Effects，利用内置的特殊效果，并在不同的时间点添加关键帧来制作动画效果。

扫码看教学视频

01 导入素材。启动After Effects 2023软件，单击主页"新建项目"按钮，执行"文件"|"导入"|"文件"命令或按快捷键Ctrl+I，导入"太空陨石.mov"和"黑洞.mp4"素材。依次将"黑洞.mp4"和"太空陨石.mov"素材拖入"时间轴"面板，如图2-91所示。将"太空陨石.mov"图层置于"黑洞.mp4"图层上方，如图2-92所示。

图2-91

图2-92

02 调整图层参数。在"图层"面板展开"太空陨石.mov"中的"变换"属性，如图2-93所示，在打开的"变换"属性选择"位置"与"缩放"参数，设置"位置"参数为（-192，1220），设置"缩放"参数为100%，如图2-94所示。

图2-93

图2-94

03 调整图层锚点。单击工具栏"向后平移工具"按钮，如图2-95所示，将"陨石"锚点从中心移动至黑洞中心，使"陨石.mov"图层的旋转跟随选择的"锚点"位置，如图2-96所示。

图2-95

图2-96

04 创建关键帧。选中"图层"面板中的"太空陨石.mov"图层，在0:00:00:00时，单击"位置"和"缩放"前面的时间变化秒表按钮创建关键帧，如图2-97所示。选择"太空陨石.mov"图层，将其拖动至"时间轴"面板，将时间点移动至0:00:10:00处，调整"位置"参数为（1149，355），调整"缩放"参数为20%，此时系统会自动打上关键帧，如图2-98所示。

图2-97

图2-98

05 复制图层。从"项目"面板再次导入"陨石.mov"素材，在"图层"面板将复制的"太空陨石.mov"

图层放置于"太空陨石.mov"图层上，如图2-99
所示。再在"图层"面板选中复制的"太空陨
石.mov"图层，调整其"位置"和"缩放"参数为
（1952，1110）、100%，如图2-100所示。

图2-99

图2-100

06 创建关键帧。在0:00:00:00时，单击复制的"太
空陨石.mov"的"位置"和"缩放"前面的"时间
变化秒表"按钮，创建关键帧，如图2-101所示，
在"图层"面板单击复制的"太空陨石.mov"图
层，将时间点移动至0:00:10:00处，调整"位置"参
数为（926，498），调整"缩放"参数为20%，此时
系统会自动打上关键帧，如图2-102所示。

图2-101

图2-102

07 创建关键帧。单击复制的"太空陨石.mov"图
层，展开"变换"属性，将时间点移动至0:00:00:00
处，单击"旋转"属性打上关键帧，将时间点移动
至0:00:10:00处，调整"旋转"参数为6x+0.0°，如
图2-103所示。调整效果如图2-104所示。

图2-103

08 创建关键帧。在"图层"面板单击"黑洞.mp4"
图层，展开"变换"参数，选择"不透明度"属性，
在0:00:00:00时打上关键帧，调整"不透明度"参数
为50%，如图2-105所示。

图2-104

图2-105

09 在"时间轴"面板将时间移动至0:00:10:00处，
调整"不透明度"参数为100%，如图2-106所示。
"星空陨石移动"效果制作完成。

图2-106

2.6 本章小结

本章介绍了项目与素材的各项管理操作，包
括创建项目与合成、打开项目文件、导入素材、添
加和移动素材等内容。此外，还带领大家学习了素
材层的5个基本变换属性，分别是"锚点"属性、
"位置"属性、"缩放"属性、"旋转"属性和
"不透明度"属性，这些属性是制作动画时经常需
要用到的。

通过本章的学习，相信各位读者对于After
Effects中"层"的概念有了一定的理解。在After
Effects中，灵活掌握不同类型层的应用，可以帮助
大家打造不同的视觉特效，因此大家一定要熟练并
巩固本章内容，为之后的软件操作打下坚实基础。

第3章
文字动画的创建

  文字在影视后期合成中不仅仅充当着补充画面信息和媒介交流的角色，也常被设计师们用作视觉设计的辅助元素。文字有多种创建途径，例如Photoshop、Illustrator、Cinema 4D等制作软件均可制作出绚丽的文字效果，在这些软件中制作好的文字元素还可以导入After Effects软件中进行场景合成。

  After Effects 2023本身提供了十分强大的文字工具和动画制作技术，在After Effects软件内部即可制作出绚丽多彩的文字特效。

本章重点

◎ 关键帧的运用　　　　　　◎ 创建文字

◎ 遮罩的应用　　　　　　　◎ 文字动画的制作

3.1 认识关键帧

  关键帧是组成动画的基本元素，在After Effects中，动画效果的创建基本上都需要运用到关键帧，特效的添加及调整也离不开关键帧。

3.1.1 实战——创建关键帧

  在After Effects 2023中，可以看到特效或属性的左侧有一个"时间变化秒表"按钮 。如果需要创建关键帧，可以单击属性左侧的"时间变化秒表"按钮 ，将关键帧属性激活；若在同一时间点再次单击"时间变化秒表"按钮 ，可以取消该属性所有的关键帧。

扫码看教学视频

01 导入素材。启动After Effects 2023软件，单击主页"新建项目"按钮，执行"文件"|"导入"|"文件"命令或按快捷键Ctrl+I，导入"气球.png"素材并拖入"时间轴"面板。

02 创建关键帧。在"时间轴"面板中，选择"气球.png"素材层，按P键展开"位置"属性，在0:00:00:00时单击"位置"属性左侧的"时间变化秒表"按钮 ，将关键帧属性激活，这样就创建了一个关键帧，如图3-1所示。

图3-1

03 创建关键帧。将"当前时间指示器" 拖到0:00:01:00时，单击"位置"属性前的"在当前时间添加或移除关键帧"按钮 ，即可在当前时间点添加一个关键帧，如图3-2所示。

04 创建关键帧。将"当前时间指示器" 拖到0:00:02:00时，在该时间点调整"位置"参数，此时在该时间点将创建一个新的关键帧，如图3-3所示。

> **提示**：单击"在当前时间添加或移除关键帧"按钮 可以只创建关键帧，而保持属性的参数不变；而改变时间点并修改参数值，是在改变属性参数的情况下创建了关键帧。

图3-2

图3-3

05 创建关键帧。将"当前时间指示器" 拖到0:00:04:00时，在该时间点调整"位置"参数，此时在该时间点将创建一个新的关键帧，如图3-4所示。

06 完成关键帧的创建后，可在"合成"窗口预览视频效果，如图3-5和图3-6所示。

图3-4

图3-5

图3-6

3.1.2　查看关键帧

在创建关键帧后，属性的左侧将出现关键帧导航按钮，通过关键帧导航按钮，可以快速查看关键帧，如图3-7所示。

关键帧导航有多种显示方式，并分别代表了不同的含义。当关键帧导航显示为 状态时，表示当前关键帧的左侧和右侧都有关键帧。此时单击"转到上一个关键帧"按钮 ，可以快速跳转到左侧的关键帧；单击"在当前时间添加或移除关键帧"按钮 ，可以将当前关键帧删除；单击"转到下一个关键帧"按钮 ，可以快速跳转到右侧的关键帧。

> 提示：若关键帧导航中的按钮为灰色状态，表示该按钮为不可用状态。

图3-7

3.1.3　选择关键帧

在After Effects 2023中，选择关键帧可以通过以下几种方式实现。

在"时间轴"面板中，直接单击关键帧图标，关键帧将显示为蓝色，表示此时已选中关键帧，如图3-8所示。在选择关键帧时，若按住Shift键，可以同时选中多个关键帧。

在"时间轴"面板中的空白处拖出一个矩形，在矩形框以内的关键帧将被选中，如图3-9所示。

图3-8

图3-9

在"时间轴"面板中，单击关键帧所属属性的名称，即可选中该属性的所有关键帧，如图3-10所示。

图3-10

创建某些属性的关键帧动画后，在"合成"窗口中可以看到一条动画路径，路径上分布了控制点，这些控制点对应了属性的关键帧，只要单击这些控制点，就可以选中该点对应的关键帧。选中的控制点将以实心方块显示，没有选中的控制点以空心显示，如图3-11所示。

图3-11

3.1.4 移动关键帧

对关键帧的位置进行自由移动，以便完善动画效果。在After Effects 2023中，可以移动单个关键帧，也可以移动多个关键帧，还可以将多个关键帧之间的距离拉长或缩短。

选择关键帧后，按住鼠标左键将关键帧拖动到所需位置，即可完成关键帧的移动操作，如图3-12所示。

提示：移动多个关键帧的操作与移动单个关键帧的操作相似，在同时选中多个关键帧后，按住鼠标左键拖动即可。

选择多个关键帧后，按住Alt键的同时，向外拖动可以拉长关键帧距离，向里拖动可以缩短关键帧距离。这种距离的改变，只是改变所有关键帧的距离大小，关键帧之间的相对距离是不变的。

图3-12

3.1.5　删除关键帧

如果在操作时出现失误，添加了多余的关键帧，可以尝试用以下几种方法，将关键帧删除。

- 选择不需要的关键帧，按Delete键，即可将选择的关键帧删除。
- 选择不需要的关键帧，执行"编辑"|"清除"命令，即可将选择的关键帧删除。
- 将时间调整到要删除的关键帧位置，可以看到该属性左侧的"在当前时间添加或移除关键帧"按钮█呈蓝色激活状态，单击该按钮，即可将当前时间位置的关键帧删除。

3.2
文字动画基础

本节主要介绍在After Effects 2023中创建文字、为文本层设置关键帧、为文本层创建遮罩和路径、为文字添加投影等方法。

3.2.1　创建文字

在After Effects 2023中，可以通过以下几种方法创建文字。

1. 使用文字工具创建文字

在工具栏中长按"横排文字工具"按钮█，将弹出一个扩展工具栏，其中包含两种不同的文字工具，分别为"横排文字工具"█和"直排文字工具"█，如图3-13所示。在选择了相应的文字工具后，在"合成"窗口中单击，出现光标后，即可自由输入文字内容，如图3-14所示。

图3-13

图3-14

输入好文字后，可以按小键盘上的Enter键完成文字的输入。此时系统会自动在"时间轴"面板中创建一个以文字内容为名称的文本层，如图3-15所示。

图3-15

用户使用任意一个文字工具在"合成"窗口中拖出一个文本框，即可在固定的某个矩形范围内输入一段文字，如图3-16和图3-17所示。

图3-16

图3-17

拖动"合成"窗口中的文本框，可以调整文本框的大小，同时文字的排列状态也会发生变化，如图3-18所示。

图3-18

创建好的文字可以进行二次编辑，执行"窗口"|"字符"命令，或按快捷键Ctrl+6，打开"字符"面板，即可对文字的字体、颜色、大小等参数进行调整，如图3-19所示。

图3-19

"字符"面板参数介绍如下。

- 微软雅黑 设置字体系列：设置文字的字体。需要注意的是，字体必须是用户计算机中已安装存在的字体。
- Regular 设置字体样式：可以在下拉列表中自行选择字体的样式。
- 吸管：通过"吸管工具"可以吸取当前计算机界面上的颜色，吸取的颜色将作为字体颜色或描边颜色。
- 设置为黑色/白色：单击相应的色块，可以快速地将字体或描边颜色设置为纯黑或纯白色。
- 没有填充颜色：单击该图标可以不对文字或描边填充颜色。
- 交换填充和描边：快速切换填充颜色和描边颜色。
- 填充颜色：设置字体的填充颜色。
- 描边颜色：设置字体的描边颜色。
- iT 60像素 设置字体大小：可通过左右拖

动，或展开下拉列表，设置对应文字的大小，也可以激活右侧文本框直接输入数值。

- 自动 设置行距：设置上下文本之间的行间距。
- VA 度量标准 设置两个字符间的字偶间距：增大或缩小当前字符之间的距离。
- VA 0 设置所选字符的字符间距：设置当前所选字符之间的距离。
- 1像素 设置描边宽度：设置文字描边的粗细。
- 在描边上填充 描边方式：用来设置文字描边的方式，在下拉列表中包含"在描边上填充""在填充上描边""全部填充在全部描边之上"和"全部描边在全部填充之上"4种描边方式。
- iT 100% 垂直缩放：设置文字的高度缩放比例。
- T 100% 水平缩放：设置文字的宽度缩放比例。
- A 0像素 基线偏移：设置文字的基线。
- 0% 比例间距：设置中文或日文字符之间的比例间距。
- T 仿粗体：设置文本为粗体。
- T 仿斜体：设置文本为斜体。
- TT 全部大写字母：将所有的文本变成大写。
- Tr 小型大写字母：无论输入的文本是否有大小写区分，都强制将所有的文本转换成大写，但是对小写字符采取较小的尺寸进行显示。
- T T 上/下标：设置文字的上下标，适合制作一些数字单位。

2. 使用菜单命令创建文本

执行"图层"|"新建"|"文本"命令，或按快捷键Ctrl+Alt+Shift+T，可以在项目中新建一个文本层，执行该命令后，在"合成"窗口中自行输入文字内容即可。

3. 快捷菜单创建文本

在"时间轴"面板的空白处右击，在弹出的快捷菜单中执行"新建"|"文本"命令，即可新建一个文本层，如图3-20和图3-21所示，之后在"合成"窗口中自行输入文字内容即可。

图3-20

图3-21

3.2.2 设置关键帧

影视创作中的文字一般是以动画的形式呈现的，因此在创建文本层后，可以尝试为文字创建动画效果来丰富作品的视觉效果。

在"时间轴"面板中，单击文本层左侧的箭头按钮 ，展开文本层的属性栏，可以看到在文本层中有"文本"及"变换"两种属性，如图3-22所示。

图3-22

展开"文本"属性栏，如图3-23所示。其中，"源文本"代表原始文字，单击该按钮可以直接编辑文字内容，并编辑字体、大小、颜色等属性，也可以选择在"字符"面板中进行调整。"路径选项"可以用来设置文字以指定的路径进行排列，可以使用"钢笔工具" 在文本层中绘制路径。"更多选项"中包含"锚点分组""填充和描边"和"字符间混合"等选项。

图3-23

展开"变换"属性栏，可以看到文本层具备的5个基本变换属性，这些属性都是制作动画时经常需要用到的，如图3-24所示。

图3-24

文本层的变换属性介绍如下。

● 锚点：文字的轴心点，可以使文本层基于该点进行位移、缩放、旋转。

● 位置：主要用来调节文字在合成中的位置。通过该参数可以制作文字的位移动画。

● 缩放：可以使文字放大或缩小。通过该参数可以制作文字的缩放动画。

● 旋转：可以调节文字不同的旋转角度。通过该参数可以制作文字的旋转动画。

● 不透明度：可以调节文字的不透明程度。通过该参数可以制作文字的透明度动画。

3.2.3 实战——文字关键帧动画

在After Effects 2023中，用户可以对"位置""不透明度""旋转"等基本属性设置关键帧，创建简单的文字关键帧动画。

扫码看教学视频

01 导入素材。启动After Effects 2023软件，单击主页"新建项目"按钮，执行"文件"|"导入"|"文件"命令或按快捷键Ctrl+I，导入"背景.png"素材并拖入"时间轴"面板。

02 创建文字。在工具栏中单击"横排文字工具"按钮 ，然后在"合成"窗口中单击输入文字"端"，再在"合成"窗口中单击其他位置输入文字"午"。然后选中文字"端"，在"字符"面板中调整文字参数，如图3-25所示。"午"字同理。完成调整后，将文字摆放至合适位置，效果如图3-26所示。

图3-25

图3-26

03 创建关键帧。在"时间轴"面板中，单击"端"文本层左侧的箭头按钮 ，展开属性栏，然后展开其"变换"属性栏，在0:00:00:00时间点单击"不透明度"属性左侧的"时间变化秒表"按钮 ，创建关键

帧，并设置"不透明度"为0%，如图3-27所示。

04 创建关键帧。修改时间点为0:00:01:00，然后在该时间点调整"不透明度"为100%，创建第2个关键帧，框选两个关键帧，按F9键添加"缓动"效果，如图3-28所示。

05 创建关键帧。在0:00:00:00时间点单击"位置"属性左侧的"时间变化秒表"按钮 ，创建关键帧。修改时间点为0:00:01:00，然后在该时间点调整"位置"参数，创建第2个关键帧，框选两个关键帧，按F9键添加"缓动"效果，如图3-29所示。

06 创建关键帧。选中"午"文本层，进行相同处理，如图3-30所示。

07 在"合成"窗口中可以预览视频效果，如图3-31和图3-32所示。

图3-27

图3-28

图3-29

图3-30

图3-31

图3-32

3.2.4　添加遮罩

在工具栏中，长按"矩形工具" ▣按钮，将弹出一个扩展工具栏，其中包含5种不同的形状工具，如图3-33所示。通过这些形状工具，可以文字添加遮罩（蒙版）效果。

图3-33

为文字添加遮罩效果的方法非常简单，在"时间轴"面板中选择文本层，然后使用"矩形工具" ▣在"合成"窗口的文字上方拖出一个矩形框，此时可以看到位于矩形框范围内的文字依旧显示在"合成"窗口中，而位于矩形框范围之外的文字则被隐藏，前后效果如图3-34和图3-35所示。

图3-34

图3-35

除了使用形状工具创建固定形状的遮罩，还可通过"钢笔工具" ✎来自由绘制遮罩形状。在"时间轴"面板中选择文本层，然后使用"钢笔工具" ✎在文字上方绘制遮罩图形，绘制完成后，可以看到位于形状范围内的文字依旧显示在"合成"窗口中，而位于形状范围之外的文字则被隐藏，如图3-36和图3-37所示。

图3-36

图3-37

3.2.5　路径文字

在文本层中创建了一个遮罩后，可以利用这个遮罩作为该文本层的路径来制作动画。作为路径的遮罩可以是封闭的，也可以是开放的。在使用封闭的遮罩作为路径时，须把遮罩的模式设置为"无"。

在"时间轴"面板中选择文本层，然后使用"钢笔工具" ✎在文字上方绘制一条路径，如图3-38所示。接着，展开文本层中的"路径选项"属性栏，展开"路径"选项下拉栏，选择"蒙版1"选项（即刚刚绘制的路径），如图3-39所示。

图3-38

图3-39

"路径选项"参数介绍如下。

- 路径：用于指定文本层的排列路径，在右侧的下拉列表中可以选择作为路径的遮罩。
- 反转路径：设置是否将路径反转。
- 垂直于路径：设置是否让文字与路径垂直。
- 强制对齐：将第1个文字和路径的起点强制对齐，同时让最后1个文字和路径的终点对齐。
- 首字边距：设置第1个文字相对于路径起点

处的位置，单位为像素。

● 末字边距：设置最后1个文字相对于路径终
点处的位置，单位为像素。

完成上述操作后，在"合成"窗口中可以看到
文字已经按照刚才所画的路径来排列了，如图3-40
所示。若改变路径的形状，文字排列的状态也会发
生变化。

图3-40

3.2.6 实战——创建遮罩路径文字

在创建文字特效时，经常会使
用"路径""遮罩"等命令。下面
介绍在After Effects 2023中创建路径
遮罩文字的操作方法。

扫码看教学视频

01 导入素材。启动After Effects
2023软件，单击主页"新建项目"按钮，执行"文
件"|"导入"|"文件"命令或按快捷键Ctrl+I，导
入"背景.png"素材并拖入"时间轴"面板。

02 创建文字。在工具栏中单击"横排文字工具"按
钮，然后在"合成"窗口中单击输入文字"保护
海洋"，然后选中文字，在"字符"面板中调整文字
参数，如图3-41所示。单击"保护海洋"文本层左侧
的箭头按钮，展开属性栏，然后展开其"变换"
属性栏，在0:00:00:00时单击"缩放"属性左侧的
"时间变化秒表"按钮，创建关键帧，并将"缩
放"参数改为500%，完成调整后，将文字摆放至合
适位置，效果如图3-42所示。

图3-41

图3-42

03 创建蒙版。在"时间轴"面板中选择文本层，然
后使用"钢笔工具"在文字上方绘制一条路径，
如图3-43所示。展开"保护海洋"文本层，在"文
本"|"路径选项"文本栏中选择"蒙版1"选项，如
图3-44所示。

图3-43

图3-44

04 调整图层参数。接下来制作遮罩效果。在"时间
轴"面板中，将"保护海洋"文本层拖至"背景"层
下，并展开"时间轴"图层左下角的"转换控制"窗
格，如图3-45所示。

图3-45

05 调整图层模式。选中"背景"图层,设置"轨道遮罩"为"2.保护海洋",如图3-46所示。

图3-46

06 调整图层锚点。选中"保护海洋"文本层,选择"工具栏"中的"锚点工具" ,将锚点移动到如图3-47所示位置处。

图3-47

07 创建关键帧。展开"保护海洋"文本层下的"变换"属性栏,在0:00:02:00时创建"缩放"关键帧,将参数改为25000,选中全部关键帧,按F9键添加"缓动"效果,如图3-48所示。

图3-48

08 完成全部操作后,在"合成"窗口中可以预览视频效果,如图3-49和图3-50所示。

图3-49

图3-50

3.2.7　为文字添加投影

在创建好的文字上不仅可以添加发光效果,还可以为其添加投影,使文字变得更有立体感。文字添加投影的前后效果如图3-51和图3-52所示。

图3-51

图3-52

在"时间轴"面板中选择文本层,执行"效果"|"透视"|"投影"命令,然后在"效果控件"面板或"时间轴"面板中,可对"投影"效果的相关参数进行调整,如图3-53和图3-54所示。

图3-53

图3-54

"投影"效果属性介绍。

- 阴影颜色：用于设置阴影显示的颜色。
- 不透明度：设置阴影的不透明度数值。
- 方向：用于调节阴影的投射角度。
- 距离：用于调节阴影的距离。
- 柔和度：用于设置阴影的柔化程度。
- 仅阴影：启用该选项后，在画面中只会显示阴影，原始素材图像将被隐藏。

3.3
文字高级动画

本节主要讲解几种文字高级动画的制作方法，包括打字动画、文字扫光特效的制作、波浪文字动画、破碎文字特效、路径文字动画。

3.3.1 实战——打字动画

有时由于项目制作需要，画面中的文字需要逐个显现出来，类似于用手敲击键盘打出文字。下面介绍使用文字处理器（Word Processor）制作打字动画的方法。

扫码看教学视频

01 导入素材。启动After Effects 2023软件，单击主页"新建项目"按钮，执行"文件"|"导入"|"文件"命令或按快捷键Ctrl+I，导入"背景.png""前景.png""光影.png"素材并拖入"时间轴"面板。

图3-55

02 创建文字。在工具栏中单击"横排文字工具"按钮 T，然后在"合成"窗口中单击输入文字"绿水青山"，在"字符"面板中调整文字参数，如图3-55所示。完成调整后，"时间轴"面板图层情况如图3-56所示。

03 添加效果。执行"窗口"|"效果和预设"命令，打开"效果和预设"面板，在搜索栏中输入"文字处理器"，查找到效果后，将其拖动添加到文本层中，如图3-57所示。

图3-56

图3-57

04 创建关键帧。添加效果后，在"时间轴"面板中选择文本层，按U键显示关键帧属性，选中"滑块"属性中的第2个关键帧，将其向右拖动至0:00:02:00时，并在"效果控件"面板设置第二个关键帧的"键入"参数为4，如图3-58所示。

图3-58

05 完成全部操作后，在"合成"窗口中可以预览视频效果，如图3-59和图3-60所示。

图3-59

图3-60

3.3.2　文字扫光特效

文字扫光特效是制作片头字幕动画时常用的一种表现形式，灵活运用可以大大增强画面亮点，提升画面视觉效果。文字扫光特效主要是通过"CC Light Sweep"（CC扫光）效果来实现的，文字添加特效的前后效果如图3-61和图3-62所示。

图3-61

图3-62

制作文字扫光特效的方法很简单，在"时间轴"面板中选择文本层，执行"效果"|"生成"|"CC Light Sweep"命令，或在"效果和预设"面板中直接搜索该效果进行拖动添加，添加完成后，在"效果控件"面板或"时间轴"面板中，可对效果的相关参数进行调整，如图3-63和图3-64所示。

图3-63

图3-64

"CC Light Sweep"（CC扫光）效果属性介绍。

- Center（中心）：用于调整光效中心的参数，同其他特效中心位置调整的方法相同，可以通过参数调整，也可以单击Center后面的按钮，然后在"合成"窗口中进行调整。
- Direction（方向）：用于调整扫光光线的角度。
- Shape（形状）：用于调整扫光形状和类型，包括"Sharp""Smooth"和"Liner"3个选项。
- Width（宽度）：用于调整扫光光柱的宽度。
- Sweep Intensity（扫光强度）：用于控制扫光的强度。
- Edge Intensity（边缘强度）：用于调整扫光光柱边缘的强度。
- Edge Thickness（边缘厚度）：用于调整扫光光柱边缘的厚度。
- Light Color（光线颜色）：用于调整扫光光柱的颜色。
- Light Reception（光线融合）：用于设置光柱与背景之间的叠加方式，其后的下拉列表中含有"Add"（叠加）、"Composite"（合成）和"Cutout"（切除）3个选项，在不同情况下需要扫光与背景不同的叠加方式。

3.3.3　波浪文字动画

波浪文字动画是令文字产生类似水波荡漾的动画效果。波浪文字动画主要是通过"波形变形"效果来实现的，文字添加特效的前后效果如图3-65和图3-66所示。

图3-65

图3-66

制作波浪文字动画的方法很简单，在"时间轴"面板中选择文本层，执行"效果"|"扭曲"|"波形变形"命令，或在"效果和预设"面板中直接搜索该效果进行拖动添加，添加完成后，在"效果控件"面板或"时间轴"面板中，可对效果的相关参数进行调整，如图3-67和图3-68所示。

图3-67

图3-68

"波形变形"效果属性介绍。

- 波浪类型：可以设置不同形状的波形。
- 波形高度：用于设置波形的高度。
- 波形宽度：用于设置波形的宽度。
- 方向：用于调整波动的角度。
- 波形速度：设置波动速度，可以按该速度自动波动。
- 固定：用于设置图像边缘的各种类型。可以分别控制某个边缘，从而带来很大的灵活性。
- 相位：用于设置波动相位。
- 消除锯齿：用于设置消除锯齿的程度。

3.3.4 破碎文字特效

破碎文字特效是指将一个整体的文本变成无数的文字碎片，运用该特效可以增强画面的冲击力，给人营造一种震撼的视觉效果。破碎文字特效主要是通过"碎片"效果来实现的，文字添加特效的前后效果如图3-69和图3-70所示。

图3-69

图3-70

制作破碎文字特效的方法很简单，在"时间轴"面板中选择文本层，执行"效果"|"模拟"|"碎片"命令，或在"效果和预设"面板中直接搜索该效果进行拖动添加，添加完成后，在"效果控件"面板或"时间轴"面板中，可对效果的相关参数进行调整，如图3-71和图3-72所示。

图3-71

图3-72

"碎片"效果常用属性介绍。

- 视图：该选项的下拉列表中包含着不同质量的预览效果，其中"已渲染"效果为质量最好的预览效果，可以实现参数操作的实时预览。此外，还有各种形式的线框预览方式，选择不同的预览方式不影响视频特效渲染的结果，用户可以根据计算机硬件配置选择合适的预览方式。

- 渲染：用于设置渲染类型，包括"全部""图层"和"块"3种类型。
- 形状：用于控制和调整爆炸后碎片的形状。其中"图案"选项下拉列表中包括多种形状选项，可以根据需求选择爆炸后的碎片形状。此外，还可以调整爆炸碎片的重复、方向、源点、突出深度等参数。
- 作用力1/作用力2：用于调整爆炸碎片脱离后的受力情况的属性，包括位置、深度、半径和强度等参数。
- 渐变：用来控制爆炸的时间。
- 物理学：包括控制碎片的旋转速度、倾覆轴、随机性和重力等参数，是调整爆炸碎片效果的一项非常重要的属性。
- 纹理：控制碎片的纹理材质。

3.3.5 实战——使用文本层自带动画制作

在文本层中，也自带了许多文字专属的效果，本实战将使用文本层自带动画来制作文字动画。

扫码看教学视频

01 导入素材。启动After Effects 2023软件，单击主页"新建项目"按钮，执行"文件"|"导入"|"文件"命令或按快捷键Ctrl+I，导入"背景.png"素材并拖入"时间轴"面板。

02 创建文字。在工具栏中单击"横排文字工具"按钮 T，然后在"合成"窗口中单击输入文字，然后选中文字，在"字符"面板中调整文字参数，如图3-73所示。完成调整后，将文字摆放至合适位置，效果如图3-74所示。

图3-73

图3-74

03 调整文字参数。展开"蓝天白云"文本层，在"文本"栏右侧的"动画"上右击，在弹出的快捷菜单中选择"模糊""字符间距""不透明度"选项，如图3-75所示。

图3-75

04 创建关键帧。在"蓝天白云"文本层中，展开全部动画制作工具，在0:00:00:00时设置关键帧并设置参数，如图3-76所示。

图3-76

05 创建关键帧。在0:00:02:00时创建关键帧，并设置参数，如图3-77所示。

图3-77

06 调整图层参数。在"动画制作工具"|"范围选择器"|"高级"下，设置"随机排序"为"开"，这样可以使文本效果在四个字之中随机出现，而不是固定从左到右，如图3-78所示。

图3-78

07 完成全部操作后，在"合成"窗口中可以预览视频效果，如图3-79和图3-80所示。

图3-79

图3-80

3.4
综合实战——文字入场扫光特效

扫码看教学视频

本实战将结合本章所学，制作文字入场扫光特效。主要使用"关键帧""动画制作工具""遮罩""效果和预设"等工具和功能。

01 创建合成。启动After Effects 2023软件，单击主页"新建项目"按钮，设置预合成，调整"合成"参数为（1920px，1080px），"帧速率"为30，"持续时间"10秒，如图3-81所示。

02 创建文字并调整参数。在"工具栏"中选择"横排文字工具"按钮T，在"合成"窗口中输入文字"AE2023"，选中文字，在"字符"面板中调整文字参数，如图3-82所示，按快捷键Ctrl+I导入"遮罩.png"素材，在"时间轴"面板右击，通过快捷菜单创建纯色层，如图3-83所示。纯色层参数如图3-84所示。

03 调整图层参数。展开"AE2023"文本层，在"文本"栏右侧选择添加"模糊"动画，在0:00:00:00时将"缩放"和"模糊"打上关键帧并设置好参数，如图3-85所示。

图3-81

图3-82

图3-83

图3-84

图3-85

04 创建关键帧。在0:00:00:05时，设置"缩放"关键帧参数为470%和530%，在0:00:00:10时设置"缩放"关键帧参数为600%和570%，在0:00:00:15时，设置"缩放"和"模糊"关键帧，参数如图3-86所示

图3-86

05 调整图层遮罩。将"遮罩"图层，拖至"AE2023"文本层上方，打开"转换控制"窗格，设置"遮罩"图层为"轨道遮罩""2.AE2023"，如图3-87所示。此时"合成"面板内效果如图3-88所示。

图3-87

图3-88

06 添加效果。在"效果和预设"面板中搜索"CC Light Sweep"效果，如图3-89所示。将效果添加给"遮罩"图层，如图3-90所示。

图3-89

图3-90

07 创建关键帧。在0:00:00:15时，单击"CC Light Sweep"下"center"左侧按钮◎，单击◎按钮将锚点移动至文字最左边，如图3-91所示。在0:00:01:00时，将锚点移动至文字最右边，将"开始"和"结束"属性调整为0%，"CC Light Sweep"参数具体设置如图3-92所示。

图3-91

图3-92

08 案例完成效果如图3-93和图3-94所示。

图3-93

图3-94

3.5 本章小结

通过对本章的学习，相信各位读者已经掌握了创建文字、编辑文字、对文本层进行关键帧设置、为文字添加遮罩和路径等相关操作。在After Effects 2023中创建文字后，大家可以对文本层添加各种特效，或对文本层的基本属性设置关键帧，制作出多种风格的文字效果和绚丽多彩的文字动画。

本章介绍了几款实用的文字动画的制作方法，例如打字动画、文字扫光特效、破碎文字动画、路径文字动画、汇聚文字特效等。这些文字动画有助于大家巩固前面所学的基础内容，并进一步提升文字特效的运用技巧，有效培养大家对文字动画制作的兴趣。

第 4 章 ——
蒙版的应用

本章将详细讲解在After Effects 2023中如何应用蒙版功能。在影视后期合成中，有时由于一些素材本身不具备Alpha通道，所以不能通过常规方法将这些素材合成到一个场景中，此时通过蒙版功能就能有效解决这一问题。由于蒙版可以遮盖住部分图像，使部分图像变为透明状态，因此蒙版功能在视频合成中被广泛应用。

本章重点

◎ 创建蒙版　　　　　　　　◎ 钢笔工具的运用

◎ 编辑和修改蒙版　　　　　◎ 调整蒙版属性

4.1 创建蒙版

蒙版也可以称为"遮罩"。简单来说，蒙版就是通过蒙版层中的图形或轮廓对象，透出下方素材层中的内容。在After Effects中，蒙版实际是用"钢笔工具"或其他形状工具绘制的一条路径或者轮廓图。蒙版位于素材层之上，对于运用了蒙版的层，将只有蒙版里面部分的图像显示在合成图像中。

图4-1

4.1.1 实战——使用形状工具创建蒙版

蒙版具备多种形状，在After Effects 2023的工具栏中，可以利用相关的形状工具来创建蒙版，如"矩形工具"▢、"圆角矩形工具"▢、"椭圆工具"◯、"多边形工具"⬡和"星形工具"☆。

扫码看教学视频

01 导入素材。启动After Effects 2023软件，单击主页"新建项目"按钮，执行"文件"|"导入"|"文件"命令或按快捷键Ctrl+I，导入"背景.jpg"素材并拖入"时间轴"面板，"合成"面板如图4-1所示。

02 创建蒙版。在"时间轴"面板中选择"背景.jpg"素材层，在工具栏中单击"矩形工具"按钮▢，然后移动光标至"合成"窗口，单击并进行拖曳，释放鼠标左键后即可得到一个矩形蒙版，如图4-2所示。

图4-2

> **提示：** 在选择好的形状工具上双击，可以在当前选中的素材层中自动创建一个最大的蒙版。

03 创建蒙版。按快捷键Ctrl+Z返回上一步操作。在"时间轴"面板中选择"背景.jpg"素材层，在工具栏中长按"矩形工具"按钮▢，在展开的列表中选择"圆角矩形工具"▢，如图4-3所示。

04 创建蒙版。移动光标至

图4-3

"合成"窗口，单击并进行拖曳，释放鼠标左键后即可得到一个圆角矩形蒙版，如图4-4所示。

图4-4

05 创建蒙版。用上述同样的方法，使用"椭圆工具" ⬭、"多边形工具" ⬟ 和"星形工具" ☆，尝试在项目中绘制其他形状的蒙版，如图4-5～图4-7所示。

图4-5

图4-6

图4-7

提示：在"合成"窗口中，按住Shift键的同时，使用形状工具可以创建出等比例的蒙版形状。例如，使用"矩形工具" ▢ 配合Shift键，可以创建出正方形蒙版；使用"椭圆工具" ⬭ 配合Shift键，可以创建出圆形蒙版。

4.1.2 钢笔工具

"钢笔工具" ✒ 主要用于绘制不规则的蒙版或不闭合的路径，在工具栏中长按"钢笔工具"按钮 ✒，可显示"添加'顶点'工具" ✒、"删除'顶点'工具" ✒、"转换'顶点'工具" ⌐ 和"蒙版羽化工具" ✒，如图4-8所示。

图4-8

"钢笔工具"的具体使用方法如下。

- 在工具栏中选择"钢笔工具" ✒，移动光标至"合成"窗口，单击即可创建顶点。
- 将光标移动到另一个目标位置并单击，此时在先后创建的两个顶点之间会形成一条直线。
- 如果想要创建闭合的蒙版图形，可将光标放在第一个顶点处，此时光标的右下角将出现一个小圆圈，单击即可闭合蒙版路径。

提示：使用"钢笔工具" ✒ 时，按住Shift键在顶点上拖曳光标，可以沿45°角移动方向线。

4.1.3 实战——创建自定义形状蒙版

相比其他形状工具，"钢笔工具"的灵活性更高，使用"钢笔工具" ✒ 不但可以创建封闭的蒙版，还可以创建开放的蒙版。

扫码看教学视频

01 导入素材。启动After Effects 2023软件，单击主页"新建项目"按钮，执行"文件"|"导入"|"文件"命令或按快捷键Ctrl+I，导入"花田.jpg""花朵.jpg"素材，并按照顺序将"花田.jpg""花朵.jpg"素材拖入"时间轴"面板，"合成"面板如图4-9所示。

02 创建蒙版。在"时间轴"面板中选择"花

朵.jpg"素材层,在工具栏中单击"钢笔工具"按钮
✒,然后移动光标至"合成"窗口,单击创建一个
顶点,如图4-10所示。

图4-9

图4-10

03 创建蒙版。将光标移动到下一个位置,单击并拖曳
光标,沿着花瓣边缘创建若干个顶点,如图4-11所示。

图4-11

04 创建蒙版。用同样的方法,使用"钢笔工具"✒
继续围绕花朵绘制路径,直至闭合路径,完成效果如
图4-12所示。

提示:使用"钢笔工具"✒绘制路径时,可以通
过调整顶点两侧的控制柄来改变曲线弧度。

图4-12

05 调整图层参数。在"时间轴"面板中选择"花
朵.jpg"素材层,按P键显示"位置"属性,按快捷
键Shift+S显示"缩放"属性,然后分别调整"位
置"和"缩放"参数,如图4-13所示。

图4-13

06 完成全部操作后,在"合成"窗口中可以预览
视频效果。素材调整前后效果如图4-14和图4-15
所示。

图4-14

图4-15

4.2
编辑蒙版

使用形状工具创建了蒙版之后，可以再次对蒙版进行调整和修改，以适应项目的制作需求。本节介绍几种常用的蒙版编辑技巧。

4.2.1 调整蒙版形状

蒙版形状主要取决于各顶点的分布，所以调节蒙版的形状主要是调节各顶点的位置。

绘制蒙版后，在工具栏中单击"选择工具"按钮▶，然后移动光标至"合成"窗口，单击需要进行调节的顶点，被选中的顶点会呈现实心正方形状态，如图4-16所示。此时单击拖动顶点，即可改变顶点的位置，如图4-17所示。

图4-16

图4-17

如果需要同时选择多个顶点，可以按住Shift键，再单击要选择的顶点，如图4-18所示。然后再对选中的多个顶点进行移动，如图4-19所示。

> 提示：按住Shift键的目的是加选或减选顶点，用户既可以按住Shift键单击要加选的顶点，也可以按住Shift键单击已经选中的顶点，取消选择。在使用"选择工具"▶选取顶点时，可以直接按住鼠标左键，在"合成"窗口中框选一个或多个顶点。

图4-18

图4-19

4.2.2 添加和删除顶点

在已经创建好的蒙版形状中，可以对顶点进行添加或删除操作。

1. 添加顶点

在工具栏中长按"钢笔工具"按钮✏，在弹出的下拉列表中选择"添加'顶点'工具"✏，然后将光标移动到需要添加顶点的位置，单击即可添加一个顶点，如图4-20和图4-21所示。

图4-20

图4-21

2. 删除顶点

在工具栏中长按"钢笔工具"按钮🖊，在弹出的下拉列表中选择"删除'顶点'工具"🖊，然后将光标移动到需要删除的顶点上，单击即可删除该顶点，如图4-22和图4-23所示。

图4-22

图4-23

4.2.3 转换角点和曲线点

蒙版上的顶点分为角点和曲线点，角点和曲线点之间可以相互转换。

1. 角点转换为曲线点

在工具栏中长按"钢笔工具"按钮🖊，在弹出的下拉列表中选择"转换'顶点'工具"🔽，然后将光标移动到需要进行转换的顶点上，单击即可将角点转换为曲线点，如图4-24和图4-25所示；或者在"钢笔工具"选中状态下，按住Alt键，待光标变为🔽状态后，单击角点，即可将其转换为曲线点。

图4-24

图4-25

2. 曲线点转换为角点

在工具栏中长按"钢笔工具"按钮🖊，在弹出的下拉列表中选择"转换'顶点'工具"🔽，然后将光标移动到需要进行转换的顶点上，单击即可将曲线点转换为角点，如图4-26和图4-27所示；或者在"钢笔工具"选中状态下，按住Alt键，待光标变为🔽状态后，单击曲线点，即可将其转换为角点。

图4-26

图4-27

4.2.4 缩放和旋转蒙版

在创建好一个蒙版之后，如果觉得蒙版太小，或者是角度不合适，可以对蒙版的大小或角度进行缩放和旋转。

1. 缩放蒙版

在"时间轴"面板选中蒙版，然后使用"选择工具"▶，在"合成"窗口中双击蒙版的轮廓线，或者按快捷键Ctrl+T，展开定界框，即可对蒙版进行自由变换，如图4-28和图4-29所示。

图4-28

图4-29

提示：如果需要等比例缩放蒙版，按住Shift键的同时拖曳定界框上的点即可。

2. 旋转蒙版

将光标移动到定界框外，当光标变为旋转标志↰时，按住鼠标左键进行拖曳，即可对蒙版进行旋转操作，如图4-30和图4-31所示。在旋转时，若按住Shift键，则可以使蒙版以45°角进行旋转。完成操作后，按Esc键可退出自由变换。

图4-30

图4-31

4.2.5 实战——修改蒙版

在After Effects 2023中打开提前创建好的项目文件，结合前面所学内容，对蒙版进行各项编辑及修改操作。

扫码看教学视频

01 导入素材。启动After Effects 2023软件，单击主页"新建项目"按钮，执行"文件"|"导入"|"文件"命令或按快捷键Ctrl+I，导入"熊猫.jpg"素材并拖入"时间轴"面板，"合成"面板如图4-32所示。

图4-32

02 创建蒙版。在"时间轴"面板中选择"背景.jpg"素材层，在工具栏中单击"矩形工具"按钮▣，然后移动光标至"合成"窗口，单击并进行拖曳，释放鼠标左键后即可得到一个矩形蒙版，如图4-33所示。

03 创建蒙版。在"时间轴"面板中选择"熊猫.jpg"素材层，然后在工具栏中长按"钢笔工具"按钮✐，在弹出的下拉列表中选择"添加'顶点'工具"✐，然后将光标移动到蒙版边缘处，单击添加一个顶点，然后移动至熊猫耳朵上，如图4-34所示。

04 创建蒙版。接下来创建多个顶点，框选出熊猫，如图4-35所示。

图4-33

图4-34

图4-35

提示：在"合成"窗口中，滚动鼠标滚轮可以对素材进行局部放大或缩小，按住空格键可以任意拖动素材。

05 调整蒙版。按住Alt键的同时，对上述顶点进行拖动，将角点转换为曲线点，如图4-36所示。

图4-36

06 调整蒙版。在工具栏中长按"钢笔工具"按钮，在弹出的下拉列表中选择"删除'顶点'工具"，然后将光标移动到图4-37所示的顶点上，单击即可将该顶点删除。

图4-37

07 调整蒙版。在工具栏中长按"钢笔工具"按钮，在弹出的下拉列表中选择"转换'顶点'工具"，对所有顶点进行转换，如图4-38所示。

图4-38

08 调整蒙版。对转换的顶点进行调整，使熊猫全部都被蒙版遮住，最终如图4-39所示。

图4-39

09 导入素材。导入"竹林.jpg"素材并拖入"时间轴"面板，设置大小参数，效果如图4-40所示。

10 在"时间轴"面板中展开"熊猫.png"素材层的变换属性，调整其变换参数，如图4-41所示。

11 完成全部操作后，在"合成"窗口中可以预览视频效果。素材调整后的效果如图4-42所示。

图4-40

图4-41

图4-42

4.3
设置蒙版属性

蒙版与其他素材层一样，也具备固有属性和叠加模式。在制作蒙版动画时，经常需要对它的各项基本属性进行调整。

4.3.1 蒙版的基本属性

在创建了蒙版之后，可以在"时间轴"面板中单击蒙版左侧的箭头按钮 ，展开蒙版属性；或者在"时间轴"面板中连续按两次M键，可以快速显示蒙版的所有属性，如图4-43所示。

蒙版基本属性介绍如下。

- 蒙版路径：用来设置蒙版的路径范围和形状，也可以为蒙版顶点制作关键帧动画。
- 蒙版羽化：用来调整蒙版边缘的羽化程度。
- 蒙版不透明度：用来调整蒙版的不透明程度。

图4-43

- 蒙版扩展：用来调整蒙版向内或向外的扩展程度。

4.3.2 实战——制作电影暗角效果

在绘制蒙版后，尝试为蒙版的基本属性创建关键帧，可以产生意想不到的动画效果。下面将结合形状工具及蒙版基本属性的应用，制作电影暗角效果。

扫码看教学视频

01 导入素材。启动After Effects 2023软件，单击主页"新建项目"按钮，执行"文件"|"导入"|"文件"命令或按快捷键Ctrl+I，导入"海滩.mp4"素材并拖入"时间轴"面板，"合成"面板如图4-44所示。

02 创建蒙版。在"时间轴"面板中选择"海滩.mp4"素材层，然后在工具栏中单击"矩形工具"按钮 ，在"合成"窗口中，围绕着画面绘制一个矩形蒙版，如图4-45所示。

图4-44

图4-45

03 调整蒙版。在"时间轴"面板中，连续按两次M键，快速显示蒙版的基本属性，如图4-46所示。

图4-46

04 在"蒙版羽化"属性右侧的蓝色数值上单击，激活文本框；或按住鼠标左键向右拖动，将数值调整到200像素，如图4-47所示。

图4-47

05 完成全部操作后，在"合成"窗口中可以预览视频效果。素材调整前后效果如图4-48和图4-49所示。

图4-48

图4-49

4.3.3 蒙版叠加模式

当一个素材层中存在多个蒙版时，通过调整蒙版的叠加模式可以使多个蒙版之间产生叠加效果，如图4-50所示。

图4-50

蒙版叠加模式介绍如下。

- 无：选择该模式时，路径将不作为蒙版使用，仅作为路径存在。
- 相加：将当前蒙版区域与其上方的蒙版区域进行相加处理。
- 相减：将当前蒙版区域与其上方的蒙版区域进行相减处理。
- 交集：只显示当前蒙版区域与其上方蒙版区域相交的部分。
- 变亮：对于可视范围区域，此模式与"相加"模式相同；但对于重叠处的不透明，则采用不透明度较高的那个值。
- 变暗：对于可视范围区域，此模式与"交集"模式相同，但是对于重叠之处的不透明，则采用不透明度较低的那个值。
- 差值：此模式对于可视区域，采取的是并集减交集的方式，先将当前蒙版区域与其上方蒙版区域进行并集运算，然后将当前蒙版区域与其上方蒙版区域的相交部分进行减去操作。

4.4
综合实战——图形蒙版动画

本例将综合本章所学的蒙版知识完成一款简单的图形蒙版动画的制作。

扫码看教学视频

01 导入素材。启动After Effects 2023软件，执行"合成"|"新建合成"命令，打开"合成设置"对话框，在其中完成名称、预设及持续时间等参数的设置，如图4-51所示，完成后单击"确定"按钮。

02 按快捷键Ctrl+I导入"春天.jpg""夏天.jpg""秋天.jpg""冬天.jpg"和"BGM.mp3"素材，并拖入到"时间轴"面板，如图4-52所示。

03 创建纯色蒙版并调整图层参数。在"时间轴"面板右击，在弹出的快捷菜单中选择创建白色的"纯色"图层，如图4-53所示。对"春天""夏天""秋天""冬天"的"缩放"和"位置"参数进行调整，如图4-54所示。

图4-51

图4-52

图4-53

图4-54

04 创建蒙版并添加效果。为"春天""夏天""秋天""冬天"4个图层分别建立蒙版，最终效果如图4-55所示。在"效果和预设"中搜索"投影"效果，为"春天""夏天""秋天""冬天"4个图层都添加上效果，如图4-56所示。

图4-55

图4-56

05 调整效果。对"春天""夏天""秋天""冬天"4个图层的"投影"效果参数进行设置，参数设置如图4-57所示。"冬天"缩放比例与其他3个不同，所以"冬天"的"距离"参数为25。

06 最终效果如图4-58所示。

图4-57

图4-58

07 创建关键帧。单击"春天""夏天""秋
天""冬天"4个图层的"位置"参数的按钮 ,
如图4-59所示。分别在时间为0:00:00:15、
0:00:01:10、0:00:02:05、0:00:03:00处为"春
天""夏天""秋天""冬天"4个图层创建关键
帧，如图4-60所示。

图4-59

图4-60

08 创建关键帧。对"春天""夏天""秋天""冬
天"4个图层"位置"属性下的关键帧参数进行设
置，详细参数如图4-61所示。相隔1秒之后，创建第
二个关键帧，如图4-62所示，第二个关键帧参数如
图4-63所示。

图4-61

图4-62

09 调整关键帧。选中全部关键帧，按F9键添加"缓
动"效果，如图4-64所示。

图4-63

图4-64

10 调整时间。最后根据BGM节奏进行卡点，细微调
整关键帧时间，最终效果如图4-65和图4-66所示。该
项目完成。

图4-65

图4-66

4.5
本章小结

通过对本章的学习，各位读者已经了解蒙版的
概念，以及创建蒙版、修改蒙版的形状和属性、制
作蒙版动画等相关操作。

在After Effects 2023中，用户可以使用"矩形

工具""椭圆工具""圆角矩形工具"等多种形状工具快速创建形状蒙版,也可以使用"钢笔工具"绘制不规则的蒙版和不闭合的路径。After Effects中的蒙版自由度非常高,可以是封闭的路径轮廓,也可以是不闭合的曲线。当蒙版为不闭合的曲线时,就只能作为路径来使用。此外,在绘制了蒙版后,用户可以利用各类辅助工具对顶点及轮廓线进行调整,以满足不同的制作需求,也可以对蒙版的路径、羽化程度、不透明度、叠加模式等属性进行自定义设置。

由于影视后期制作中经常会用到蒙版动画来表现一些特定效果,因此熟练掌握蒙版动画的运用,对以后制作影视项目大有帮助。

第 5 章 ———

视频画面校色

在进行影片前期拍摄时，由于受到自然环境、拍摄器材、摄影师拍摄手法等客观因素的影响，拍摄出来的画面与真实效果难免会存在一定的差异。针对这一情况，大家可以在后期处理时对画面进行调色，最大限度地还原画面色彩。

本章重点

◎ 画面调色技巧　　　　　　　　　　◎ 颜色校正的主要效果

◎ 颜色校正的常用效果

5.1
After Effects 调色基础

　　After Effects的调色功能非常强大，不仅可以对错误的颜色进行校正，还能通过调色功能的使用来增强画面视觉效果，丰富画面情感。通常情况下，不同的颜色往往带有不同的情感倾向，因此调色工作在一定程度上能够奠定影片的情感基调。

5.1.1　颜色基本要素

　　在进行调色的过程中，经常会接触到"色调""色阶""曝光度""对比度""明度""纯度""饱和度"等名词，这些词基本上都与"色彩"的基本属性有关。

　　在视觉的世界里，色彩被分为"无彩色"和"有彩色"两类。其中"无彩色"为黑、白、灰，它们具备"明度"属性；而"有彩色"则是除黑、白、灰以外的其他颜色，它们具备"色相""明度"和"饱和度"3种属性。

　　1. 色相

　　"色相"是指画面整体的颜色倾向，又称为"色调"，图5-1和图5-2所示分别为蓝色调图像和黄色调图像。

　　2. 明度

　　"明度"是指色彩的明暗程度。色彩的明暗程度有两种情况，分别为同一颜色的明度变化和不同颜色的明度变化。同一颜色的明度深浅变化效果如图5-3所示，从左至右代表颜色明度由低到高。

图5-1

图5-2

图5-3

　　不同的色彩同样存在明暗变化，如图5-4所示，其中黄色的明度最高，紫色的明度最低，其他颜色的明度相近，为中间明度。

图5-4

3. 饱和度

"饱和度"又称为"纯度",它是指色彩中所含有色成分的比例,比例越大,饱和度越高,画面越鲜艳,如图5-5所示;比例越小,饱和度越低,画面越偏灰,如图5-6所示。

图5-5

图5-6

5.1.2 画面调色技巧

在After Effects中想要调出和谐、满意的颜色效果,除了要掌握基本的软件操作和效果应用,还应当掌握一些调色技巧。

1. 校正画面整体的颜色错误

在处理影视作品时,通过对画面整体的观察,最先考虑到的就是整体的颜色有没有错误,例如偏色、画面过曝或亮度不足、画面偏灰、明暗反差过大等。如果出现这些情况,则需要对这些问题对应的颜色参数进行调整,以使作品变为曝光正确、色彩正常的图像。

2. 细节美化

某些画面看上去曝光正确、色彩正常,但在细节方面可能仍存在一些不足之处,例如重点部分不突出、背景颜色不美观、人物面部细节处理不到位等。优秀的作品,细节之处也不容忽视,因为画面的重点有时就集中在一个很小的部分上。

3. 帮助元素融入画面

在制作一些创意合成作品时,经常需要在原有画面中添加一些新元素,例如为人物添加装饰物、在产品周围添加陪衬元素、为画面更换新背景等。当新元素出现在画面中时,为了让视觉效果更加逼真、和谐,需要尽可能地帮助元素融入画面,使颜色趋于统一。

5.2 颜色校正的主要效果

After Effects 2023中的颜色校正效果组中提供了更改颜色、亮度、对比度、颜色平衡等多种颜色校正效果。其中,颜色校正调有3个最主要的效果,分别是"色阶""曲线"和"色相/饱和度"效果。

5.2.1 色阶

"色阶"效果主要是通过重新分布输入颜色的级别,获取一个新的颜色输出范围,以达到修改图像亮度和对比度的目的,它具备查看和修正曝光,以及提高对比度等作用。此外,通过调整"色阶"可以扩大图像的动态范围,即拍摄设备能记录的图像亮度范围。素材应用"色阶"效果的前后对比如图5-7和图5-8所示。

图5-7

图5-8

选择素材层，执行"效果"|"颜色校正"|"色阶"命令，在"效果控件"面板中可以查看并调整"色阶"效果的参数，如图5-9所示。

图5-9

"色阶"效果常用参数介绍如下。

- 通道：选择要修改的通道，可以分别对RGB通道、红色通道、绿色通道、蓝色通道和Alpha通道的色阶进行单独调整。
- 直方图：通过直方图可以观察各影调的像素在图像中的分布情况。
- 输入黑色：可以控制输入图像中的黑色阈值。
- 输入白色：可以控制输入图像中的白色阈值。
- 灰度系数：调节图像影调阴影和高光的相对值。
- 输出黑色：控制输出图像中的黑色阈值。
- 输出白色：控制输出图像中的白色阈值。

5.2.2 曲线

"曲线"效果可以对画面整体或单独颜色通道的色调范围进行精确控制。为素材应用"曲线"效果后的画面如图5-10所示。

图5-10

选择素材层，执行"效果"|"颜色校正"|"曲线"命令，在"效果控件"面板中可以查看并调整"曲线"效果的参数，如图5-11所示。

图5-11

"曲线"效果常用参数介绍如下。

- 通道：用来选择要进行调整的通道，包括RGB通道、红色通道、绿色通道、蓝色通道和Alpha通道。
- 曲线：可以手动调节曲线上的控制点，X轴方向表示输入像素的亮度，Y轴方向表示输出像素的亮度。单击中的任意一个按钮，可对曲线的显示大小进行调整。
- 曲线工具：使用该工具可以在曲线上添加节点，并且可以任意拖动节点。如果需要删除节点，只要将选择的节点拖到曲线图之外即可。

- 🖊 铅笔工具:使用该工具可以在坐标图上任意绘制曲线。
- 打开:用来打开保存好的曲线,也可以打开Photoshop中的曲线文件。
- 保存:用来保存当前曲线,以便以后重复利用。
- 平滑:将曲折的曲线变平滑。
- 重置:将曲线恢复到默认的直线状态。

5.2.3 色相/饱和度

"色相/饱和度"效果可以调整某个通道颜色的色相、饱和度及亮度,即对图像的某个色域局部进行调节。为素材应用"色相/饱和度"效果后的画面如图5-12所示。

图5-12

选择素材层,执行"效果"|"颜色校正"|"色相/饱和度"命令,在"效果控件"面板中可以查看并调整"色相/饱和度"效果的参数,如图5-13所示。

图5-13

"色相/饱和度"效果常用参数介绍如下。

- 通道控制:可以指定要进行调节的颜色通道,如果选择"主"选项表示对所有颜色应用效果,此外还可以单独选择红色、黄色、绿色、青色和洋红等颜色通道。
- 通道范围:显示通道受效果影响的范围。上方的颜色条表示调色前的颜色,下方的颜色条表示在全饱和度下调整后的颜色。
- 主色相:用于调整主色调,可以通过下方的相位调整轮来调整数值。
- 主饱和度:用于控制所调节颜色通道的饱和度。
- 主亮度:用于控制所调节颜色通道的亮度。
- 彩色化:勾选该复选框后,默认彩色图像为红色。
- 着色色相:用于调整图像彩色化之后的色相。
- 着色饱和度:用于调整图像彩色化之后的饱和度。
- 着色亮度:用于调整图像彩色化之后的亮度。

5.2.4 实战——电影感暖调画面

本实战通过电影暖调画面调整,讲解颜色校正工具的具体用法。

扫码看教学视频

01 导入素材。启动After Effects 2023软件,单击主页"新建项目"按钮,执行"文件"|"导入"|"文件"命令或按快捷键Ctrl+I,导入"圣诞节.png"素材,如图5-14所示。

图5-14

02 调整图层。将"项目"面板中的"圣诞节.png"素材拖入当前"时间轴"面板,如图5-15所示。

图5-15

03 添加效果。在"效果和预设"面板中搜索"曲线"效果，如图5-16所示。将"曲线"效果拖至"圣诞节.png"图层上方，如图5-17所示。

图5-16

图5-17

04 此时选中"圣诞节.png"图层，可以在"效果控件"面板中看到"曲线"效果，如图5-18所示。完成操作后，在"合成"窗口对应的画面效果如图5-19所示，此时与调色前没有任何差别。

05 首选将"通道"设置为"RGB"，如图5-20所示。接着在曲线中部单击添加控制点并向左上角拖动，将画面提亮，如图5-21所示。

图5-18

图5-19

图5-20

图5-21

提示：调节曲线时，在曲线上单击可以添加节点，拖动节点可以随意改变曲线的形状。

06 调整效果。将"通道"设置为"红色"，如图5-22所示。在红色曲线中部位置添加一个控制点，同样向左上角拖动，增加画面中的红色数量，如图5-23所示。

图5-22

图5-23

07 调整效果模式。将"通道"设置为"蓝色",如图5-24所示。

图5-24

08 调整效果。将光标移动到蓝色左下角控制点,往正上方移动,在蓝色曲线中部单击添加控制点,向右下角移动,降低整体画面蓝色,如图5-25所示。

图5-25

09 完成全部操作后,在"合成"窗口中可以预览视频效果。素材调整前后效果如图5-26和图5-27所示。

图5-26

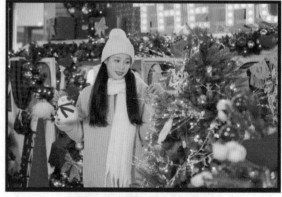

图5-27

5.3
颜色校正的常用效果

选择素材层后，执行"效果"|"颜色校正"命令，在级联菜单中可以看到After Effects提供的众多颜色校正效果，通过颜色校正类效果可以更改画面色调，营造不同的视觉效果。由于篇幅有限，本节只选取部分常用的颜色校正效果进行介绍。

5.3.1 照片滤镜

"照片滤镜"效果可以对素材画面进行滤镜调整，使其产生某种颜色的偏色效果。素材应用"照片滤镜"效果的前后对比如图5-28和图5-29所示。

图5-28

图5-29

选择素材层，执行"效果"|"颜色校正"|"照片滤镜"命令，在"效果控件"面板中可以查看并调整"照片滤镜"效果的参数，如图5-30所示。

"照片滤镜"效果常用参数介绍如下。

图5-30

- 滤镜：展开右侧的下拉列表，可以选择各种常用的有色镜头滤镜。
- 颜色：当"滤镜"属性设置为"自定义"选项时，可以指定滤镜的颜色。
- 密度：设置重新着色的强度，数值越大，效果越明显。
- 保持发光度：勾选该复选框后，可以在过滤颜色的同时，保持原始图像的明暗分布层次。

5.3.2 通道混合器

"通道混合器"效果使用当前彩色通道的值来修改颜色，可以使用当前层的亮度为蒙版来调整另一个通道的亮度，并作用于当前层的各个色彩通道。素材应用"通道混合器"效果的前后对比如图5-31和图5-32所示。

选择素材层，执行"效果"|"颜色校正"|"通道混合器"命令，在"效果控件"面板中可以查看并调整"通道混合器"效果的参数，如图5-33所示。

"通道混合器"效果常用参数介绍如下。

- 红色/绿色/蓝色-红色/绿色/蓝色/恒量：代表不同的颜色调整通道，表现增强或减弱通道的效果，其中"恒量"用来调整通道的对比度。

图5-31

图5-32

图5-33

- 单色：勾选该复选框后，将把彩色图像转换为灰度图。

5.3.3 阴影/高光

"阴影/高光"效果可以使较暗区域变亮，使高光变暗。素材应用"阴影/高光"效果的前后对比如图5-34和图5-35所示。

图5-34

图5-35

选择素材层，执行"效果"|"颜色校正"|"阴影/高光"命令，在"效果控件"面板中可以查看并调整"阴影/高光"效果的参数，如图5-36所示。

图5-36

"阴影/高光"效果常用参数介绍如下。

- 自动数量：勾选该复选框后，可自动设置参数，均衡画面明暗关系。
- 阴影数量：取消勾选"自动数量"复选框后，可调整图像暗部，使图像阴影变亮。
- 高光数量：取消勾选"自动数量"复选框后，可调整图像亮部，使图像阴影变暗。
- 瞬时平滑（秒）：设置瞬时平滑程度。
- 场景检测：当设置"瞬时平滑"为0.00以外的数值时，可进行场景检测。
- 更多选项：展开选项，可设置其他阴影和高光选项。
- 与原始图像混合：设置与原始图像的混合程度。

5.3.4 Lumetri 颜色

"Lumetri颜色"效果是一种强大的、专业的调色效果，其中包含多种参数，可以用具有创意的

方式按序列调整颜色、对比度和光照。素材应用
"Lumetri颜色"效果的前后对比如图5-37和图5-38
所示。

图5-37

图5-38

选择素材层，执行"效果"|"颜色校正"|
"Lumetri颜色"命令，在"效果控件"面板中可以
查看并调整"Lumetri颜色"效果的参数，如图5-39
所示。

"Lumetri颜色"效果常用参数介绍如下。

● 基本校正：展开属性后，可以设置"输入
  LUT""白平衡""色调"及"饱和度"等
  参数。
● 创意：通过设置参数制作创意图像。
● 曲线：调整图像明暗程度及色相的饱和
  程度。
● 色轮：分别设置中间调、阴影和高光的
  色相。
● HSL次要：优化画质，校正色调。
● 晕影：制作晕影效果。

图5-39

5.3.5 灰度系数 / 基值 / 增益

"灰度系数/基值/增益"效果可以单独调整每
个通道的伸缩、系数、基值、增益参数。素材应用
"灰度系数/基值/增益"效果的前后对比如图5-40
和图5-41所示。

图5-40

图5-41

选择素材层，执行"效果"|"颜色校正"|"灰度系数/基值/增益"命令，在"效果控件"面板中可以查看并调整"灰度系数/基值/增益"效果的参数，如图5-42所示。

图5-42

"灰度系数/基值/增益"效果常用参数介绍如下。

- 黑色伸缩：设置重新映射所有通道的低像素值，取值范围为1～4。
- 红色/绿色/蓝色灰度系数：可分别调整红色/绿色/蓝色通道的灰度系数值。
- 红色/绿色/蓝色基值：可分别调整红色/绿色/蓝色通道的最小输出值。
- 红色/绿色/蓝色增益：可分别调整红色/绿色/蓝色通道的最大输出值。

5.3.6 色调

"色调"效果可以使画面产生两种颜色的变化，主要用于调整图像中包含的颜色信息，在最亮和最暗之间确定融合度。可以将画面中的黑色部分及白色部分替换成自定义的颜色。素材应用"色调"效果的前后对比如图5-43和图5-44所示。

图5-43

图5-44

选择素材层，执行"效果"|"颜色校正"|"色调"命令，在"效果控件"面板中可以查看并调整"色调"效果的参数，如图5-45所示。

图5-45

"色调"效果常用参数介绍如下。

- 将黑色映射到：映射黑色到某种颜色。
- 将白色映射到：映射白色到某种颜色。
- 着色数量：设置染色的作用程度，0%表示完全不起作用，100%表示完全作用于画面。
- 交换颜色：单击该按钮，"将黑色映射到"与"将白色映射到"对应的颜色将进行互换。

5.3.7 亮度和对比度

"亮度和对比度"效果主要用于调整画面的亮度和对比度，该效果可以同时调整所有像素的亮部、暗部和中间色，不能对单一通道进行调节。素材应用"亮度和对比度"效果的前后对比如图5-46和图5-47所示。

选择素材层，执行"效果"|"颜色校正"|"亮度和对比度"命令，在"效果控件"面板中可以查看并调整"亮度和对比度"效果的参数，如图5-48所示。

"亮度和对比度"效果常用参数介绍如下。

- 亮度：设置图像明暗程度。

- 对比度：设置图像高光与阴影的对比值。
- 使用旧版（支持HDR）：勾选该复选框后，可使用旧版亮度和对比度参数设置面板。

图5-46

图5-47

图5-48

5.3.8　保留颜色

　　"保留颜色"效果可以去除素材画面中指定颜色外的其他颜色。素材应用"保留颜色"效果的前后对比如图5-49和图5-50所示。

　　选择素材层，执行"效果"|"颜色校正"|"保留颜色"命令，在"效果控件"面板中可以查看并调整"保留颜色"效果的参数，如图5-51所示。

图5-49

图5-50

图5-51

　　"保留颜色"效果常用参数介绍如下。

- 脱色量：设置脱色程度，当值为100%时，图像完全脱色，显示为灰色。
- 要保留的颜色：设置需要保留的颜色。
- 容差：设置颜色的相似程度。
- 边缘柔和度：设置颜色与保留颜色之间的边缘柔化程度。
- 匹配颜色：选择颜色匹配的方式，有"使用RGB"和"色相"两种方式。

5.3.9　实战——保留画面局部色彩

　　本例将使用"保留颜色"效果将视频画面调整

为黑白颜色，并仅对画面的局部颜色进行保留。

01 导入素材。启动After Effects 2023软件，单击主页"新建项目"按钮，执行"文件"|"导入"|"文件"命令或按快捷键Ctrl+I，导入"花朵.mp4"素材。可在"合成"窗口中预览当前画面效果，如图5-52所示。

图5-52

02 在"时间轴"面板中选择"花朵.mp4"素材层，在"效果和预设"面板中搜索"保留颜色"效果，如图5-53所示，将该效果直接拖动添加到"花朵.mp4"图层中。

图5-53

03 在"效果控件"面板中单击"要保留的颜色"选项右侧的吸管按钮，然后移动光标至"合成"窗口，在红色花朵处单击，进行取色（# dd2209），如图5-54所示。

图5-54

04 在"效果控件"面板中，继续设置其他"保留颜色"的相关参数值，如图5-55所示。

提示：除了使用"吸管工具"在"合成"窗口中进行取色，还可以单击"要保留的颜色"选项右侧的色块，在打开的"要保留的颜色"面板中自定义颜色。

图5-55

05 完成全部操作后，在"合成"窗口中可以预览视频效果，如图5-56和图5-57所示。

图5-56

图5-57

5.3.10 曝光度

"曝光度"效果主要用来调节画面的曝光程度，可以对RGB通道分别进行曝光。素材应用"曝光度"效果的前后对比如图5-58和图5-59所示。

图5-58

图5-59

选择素材层，执行"效果"|"颜色校正"|"曝光度"命令，在"效果控件"面板中可以查看并调整"曝光度"效果的参数，如图5-60所示。

图5-60

"曝光度"效果常用参数介绍如下。

● 通道：设置需要进行曝光处理的通道，包括"主要通道"和"单个通道"两种类型。

● 曝光度：设置图像的整体曝光程度。

● 偏移：设置曝光偏移程度。

● 灰度系数校正：设置图像灰度系数精准度。

● 红色/绿色/蓝色：分别用来调整RGB通道的曝光度、偏移和灰度系数校正数值，只有在设置"通道"为"单个通道"的情况下，这些属性才会被激活。

5.3.11 更改为颜色

"更改为颜色"效果可以用指定的颜色来替换图像中某种颜色的色调、明度和饱和度的值，在进行颜色转换的同时也会添加一种新的颜色。素材应用"更改为颜色"效果的前后对比如图5-61和图5-62所示。

选择素材层，执行"效果"|"颜色校正"|"更改为颜色"命令，在"效果控件"面板中可以查看并调整"更改为颜色"效果的参数，如图5-63所示。

图5-61

图5-62

图5-63

"更改为颜色"效果常用参数介绍如下。

● 自：指定要转换的颜色。

● 至：指定转换成何种颜色。

● 更改：指定影响HLS颜色模式的通道。

● 更改方式：指定颜色转换以哪一种方式执行。

● 容差：设置颜色容差值，其中包括"色相""亮度"和"饱和度"。

● 色相/亮度/饱和度：设置色相/亮度/饱和度的容差值。

● 柔和度：设置替换后的颜色的柔和程度。

● 查看校正遮罩：勾选该复选框后可查看校正后的遮罩图。

5.3.12 更改颜色

"更改颜色"效果可以替换图像中的某种颜色，并调整该颜色的饱和度和亮度。素材应用"更改颜色"效果的前后对比如图5-64和图5-65所示。

图5-64

图5-65

选择素材层，执行"效果"|"颜色校正"|"更改颜色"命令，在"效果控件"面板中可以查看并调整"更改颜色"效果的参数，如图5-66所示。

图5-66

"更改颜色"效果常用参数介绍如下。

- 视图：用来设置图像在"合成"窗口中的显示方式。
- 色相变换：调整所选颜色的色相。
- 亮度变换：调整所选颜色的亮度。
- 饱和度变换：调整所选颜色的饱和度。

- 要更改的颜色：设置图像中需改变颜色的颜色区域。
- 匹配容差：调整颜色匹配的相似程度。
- 匹配柔和度：设置颜色的柔和程度。
- 匹配颜色：设置相匹配的颜色，包括"使用RGB""使用色相""使用色度"3个选项。
- 反转颜色校正蒙版：勾选该复选框后，可以对所选颜色进行反向处理。

5.3.13 自然饱和度

"自然饱和度"效果可以对图像进行自然饱和度、饱和度的调整。素材应用"自然饱和度"效果的前后对比如图5-67和图5-68所示。

图5-67

图5-68

选择素材层，执行"效果"|"颜色校正"|"自然饱和度"命令，在"效果控件"面板中可以查看并调整"自然饱和度"效果的参数，如图5-69所示。

图5-69

"自然饱和度"效果常用参数介绍如下。

- 自然饱和度：调整图像的自然饱和程度。
- 饱和度：调整图像的饱和程度。

5.3.14 颜色平衡

　　"颜色平衡"效果可以调整颜色的红、绿、蓝通道的平衡，以及阴影、中间调、高光的平衡。素材应用"颜色平衡"效果的前后对比如图5-70和图5-71所示。

图5-70

图5-71

　　选择素材层，执行"效果"|"颜色校正"|"颜色平衡"命令，在"效果控件"面板中可以查看并调整"颜色平衡"效果的参数，如图5-72所示。

图5-72

　　"颜色平衡"效果常用参数介绍如下。

● 阴影红色/绿色/蓝色平衡：可调整红色/黄色/蓝色的阴影范围平衡程度。

● 中间调红色/绿色/蓝色平衡：可调整红色/黄色/蓝色的中间调范围平衡程度。

● 高光红色/绿色/蓝色平衡：可调整红色/黄色/蓝色的高光范围平衡程度。

● 保持发光度：勾选该复选框后，可以保持图像颜色的平均亮度。

5.3.15 黑色和白色

　　"黑色和白色"效果可以将彩色的图像转换为黑白色或单色。素材应用"黑色和白色"效果的前后对比如图5-73和图5-74所示。

图5-73

图5-74

　　选择素材层，执行"效果"|"颜色校正"|"黑色和白色"命令，在"效果控件"面板中可以查看并调整"黑色和白色"效果的参数，如图5-75所示。

图5-75

　　"黑色和白色"效果常用参数介绍如下。

● 红色/黄色/绿色/青色/蓝色/洋红：设置在黑白图像中所含相应颜色的明暗程度。

- 淡色：勾选该复选框后，可调节该黑白图像的整体色调。
- 色调颜色：在勾选"淡色"复选框的情况下，可设置需要转换的色调颜色。

5.4
综合实战——赛博朋克风格校色

本实例主要利用After Effects内置的颜色校正工具，将普通的图像素材调整为赛博朋克效果。通过本例的学习，读者可以快速掌握赛博朋克风格的校色技术。

扫码看教学视频

01 导入素材。启动After Effects 2023软件，单击主页"新建项目"按钮，执行"文件"|"导入"|"文件"命令或按快捷键Ctrl+I，导入"夜景.mp4"素材，如图5-76所示。

02 调整图层。将"项目"面板中的"夜景.mp4"素材拖入当前"时间轴"面板，如图5-77所示。

图5-76

图5-77

03 添加"曝光度"效果。在"时间轴"面板中选择"花朵.mp4"素材层，在"效果和预设"面板中搜索"曝光度"效果，如图5-78所示。将"曝光度"效果拖至"背景.mp4"图层上，如图5-79所示。

图5-78

图5-79

04 在"效果控件"面板中，设置"曝光度"参数如图5-80所示。

图5-80

05 在"效果和预设"面板中搜索"亮度和对比度"效果，拖至"夜景.mp4"图层上，如图5-81所示。在"效果控件"面板中，设置"亮度和对比度"参数如图5-82所示。

图5-81

图5-82

06 添加并调整效果。在"效果和预设"面板中搜索"阴影/高光"效果，拖至"夜景.mp4"图层上，如图5-83所示。在"效果控件"面板中，设置"阴影/高光"参数如图5-84所示。

图5-83

图5-84

07 添加并调整效果。在"效果和预设"面板中搜索"曲线"效果，拖至"夜景.mp4"图层上，如图5-85所示。在"效果控件"面板中，设置"曲线"如图5-86所示。

图5-85

图5-86

08 添加并调整效果。在"效果和预设"面板中搜索"自然饱和度"效果，拖至"夜景.mp4"图层上，如图5-87所示。在"效果控件"面板中，设置"自然饱和度"参数如图5-88所示。

图5-87

图5-88

09 至此，赛博朋克风格效果完成，前后效果对比如图5-89和图5-90所示。

图5-89

图5-90

5.5
本章小结

视频画面校色是After Effects 2023中操作较为简单的一个模块，用户可以使用单个或多个调色特效，模拟出各种漂亮的颜色效果。这些效果广泛应用于影视节目、动画及视频广告中，可以起到良好的渲染烘托气氛的作用。本章学习了After Effects 2023中一些常用颜色校正效果的运用，这些颜色校正效果是完成影片调色的基石，因此大家务必熟悉和掌握每个效果的基本用法及参数设置。

第6章 ——
抠像与合成

　　抠像与合成技术是影视制作中常用的一类技术手段，通过前期的绿幕拍摄与后期的合成处理，可让实景画面更具层次感和设计感，营造出一些现实生活中无法出现的场景。

　　After Effects 2023内置功能强大的抠像功能，为用户提供了多种用于抠像的特殊效果，这些效果使抠像工作变得简单易行，大大提高了影视后期制作的效率。

本章重点
◎ 掌握"线性颜色键"效果的使用　　　　◎ 掌握"颜色范围"效果的使用
◎ 掌握"颜色差值键"效果的使用　　　　◎ 掌握Keylight 1.2效果的使用

6.1
抠像与合成

　　在特效电影中常常可以看到许多夸张且震撼的虚拟镜头画面，例如人物在高楼间穿梭、跳跃，这种高难度动作在现实拍摄时很难实现，但借助后期的技术手段进行处理，可以轻松地达到理想的效果。

6.1.1　什么是抠像

　　抠像就是将画面中的某一种颜色进行抠除转换为透明色，是影视制作领域比较常见的技术手段，即对象在绿色或蓝色的幕布背景中表演，后期通过After Effects等后期软件抠除绿色或蓝色背景，并更换为其他背景画面，这样对象就和新的背景很好地结合到了一起，如图6-1和图6-2所示。

图6-1

图6-2

　　在影视制作中，背景的颜色不仅局限于绿色和蓝色，而是任何与演员服饰、妆容等区分开来的纯色都可以实现该技术，以此实现虚拟演播室的效果。

6.1.2 抠像的目的

抠像的最终目的是将对象与背景进行融合。使用其他背景素材替换原有的绿色或蓝色背景，也可以再添加一些相应的前景元素，使其与原始图像相互融合，形成两层或多层画面的叠加合成，以实现丰富的层次感及神奇的合成视觉艺术效果。

6.1.3 抠像前拍摄的注意事项

除了使用After Effects进行后期抠像处理，更应该注意在拍摄抠像素材时做到规范拍摄，这样会给后期工作节省很多时间，并且会取得更好的画面质量。在拍摄时应注意以下几点。

- 在拍摄素材之前，尽量选择颜色均匀、平整的绿色或蓝色背景进行拍摄。
- 要注意拍摄时的灯光照射方向应与最终合成的背景光线一致，否则合成出来的效果会缺乏真实感。
- 需注意拍摄的角度，以便合成更加真实的效果。
- 尽量避免人物穿着与背景同色的绿色或蓝色衣饰，以避免这些颜色在后期抠像时被一并抠除。

6.2
抠像类效果

"抠像"效果可以将蓝色或绿色等纯色图像的背景进行抠除，以便替换其他背景。其中包括Advanced Spill Suppressor（高级溢出抑制器）、CC Simple Wire Removal（CC简单金属丝移除）、Key Cleaner（抠像清除器）、内部/外部键、差值遮罩、提取、线性颜色键、颜色范围、颜色差值键等，如图6-3所示。

图6-3

6.2.1 Advanced Spill Suppressor

通过Advanced Spill Suppressor（高级溢出抑制器）效果，可去除用于颜色抠像的彩色背景中的前景主题颜色溢出。选中素材层，执行"效果"|"抠像"|"Advanced Spill Suppressor"命令，在"效果控件"面板中可以查看并调整"Advanced Spill Suppressor"效果的参数，如图6-4所示。

图6-4

"Advanced Spill Suppressor"效果常用参数介绍如下。

- 方法：包含"标准"与"极致"两个选项。默认为"标准"选项，通过该选项可自动检测主要抠像颜色。
- 抑制：用于调整颜色抑制数值。

6.2.2 CC Simple Wire Removal

"CC Simple Wire Removal"（CC简单金属丝移除）效果可以简单地将线性形状进行模糊或替换。选中素材层，执行"效果"|"抠像"|"CC Simple Wire Removal"命令，在"效果控件"面板中可以查看并调整"CC Simple Wire Removal"效果的参数，如图6-5所示。

图6-5

"CC Simple Wire Removal"效果常用参数介绍如下。

- Point A（点A）：设置简单金属丝移除的点A。
- Point B（点B）：设置简单金属丝移除的点B。

- Removal Style（擦除风格）：设置简单金属丝移除风格。
- Thickness（密度）：设置简单金属丝移除的密度。
- Slope（倾斜）：设置水平偏移程度。
- Mirror Blend（镜像混合）：对图像进行镜像或混合处理。
- Frame Offset（帧偏移量）：设置帧偏移程度。

6.2.3　Key Cleaner

"Key Cleaner"（抠像清除器）效果可以恢复通过典型效果抠出的场景中的Alpha通道细节，从而从压缩或拍摄失误的绿屏素材中快速提取抠像结果。选中素材层，执行"效果"|"抠像"|"Key Cleaner"命令，在"效果控件"面板中可以查看并调整"Key Cleaner"效果的参数，如图6-6所示。

图6-6

"Key Cleaner"效果常用参数介绍如下。

- 其他边缘半径：可调整边缘融合程度。
- 减少震颤：勾选该复选框后，可在一定程度上降低画面震颤感。
- Alpha对比度：可调整Alpha对比度。
- 强度：可调整效果应用强度。

6.2.4　内部/外部键

"内部/外部键"效果可以基于内部和外部路径从图像提取对象，除了可在背景中对柔化边缘的对象使用蒙版，还可修改边界周围的颜色，以移除沾染背景的颜色。选中素材层，执行"效果"|"抠像"|"内部/外部键"命令，在"效果控件"面板中可以查看并调整"内部/外部键"效果的参数，如图6-7所示。

"内部/外部键"效果常用参数介绍如下。

- 前景（内部）：设置前景遮罩。
- 其他前景：添加其他前景。
- 背景（外部）：设置背景遮罩。

图6-7

- 其他背景：添加其他背景。
- 单个蒙版高光半径：设置单独通道的高光半径。
- 清理前景：根据遮罩路径清除前景色。
- 清理背景：根据遮罩路径清除背景色。
- 薄化边缘：设置边缘薄化程度。
- 羽化边缘：设置边缘羽化值。
- 边缘阈值：设置边缘阈值，使其更加锐利。
- 反转提取：勾选该复选框后，可以反转提取效果。
- 与原始图像混合：设置源图像与混合图像之间的混合程度。

6.2.5　差值遮罩

"差值遮罩"效果适用于抠除移动对象后面的静态背景，然后将此对象放在其他背景上。选中素材层，执行"效果"|"抠像"|"差值遮罩"命令，在"效果控件"面板中可以查看并调整"差值遮罩"效果的参数，如图6-8所示。

图6-8

"差值遮罩"效果常用参数介绍如下。

- 视图：设置视图方式，包括"最终输出""仅限源"和"仅限遮罩"选项。
- 差值图层：设置用于比较的差值图层。

- 如果图层大小不同：调整图层的一致性。
- 匹配容差：设置匹配范围。
- 匹配柔和度：设置匹配柔和程度。
- 差值前模糊：可清除图像杂点。

6.2.6 提取

"提取"效果可以创建透明度，该效果基于一个通道的范围进行抠像。选中素材层，执行"效果"|"抠像"|"提取"命令，在"效果控件"面板中可以查看并调整"提取"效果的参数，如图6-9所示。

图6-9

"提取"效果常用参数介绍如下。

- 直方图：通过直方图可以了解图像各影调的分布情况。
- 通道：设置抽取键控通道，包括"明亮度""红色""绿色""蓝色"和"Alpha"选项。
- 黑场：设置黑点数值。
- 白场：设置白点数值。
- 黑色柔和度：设置暗部区域的柔和程度。
- 白色柔和度：设置亮部区域的柔和程度。
- 反转：勾选该复选框后，可反转键控区域。

6.2.7 线性颜色键

"线性颜色键"效果可以使用RGB、色相或色度信息来创建指定主色的透明度，抠除指定颜色的像素。选中素材层，执行"效果"|"抠像"|"线性颜色键"命令，在"效果控件"面板中可以查看并调整"线性颜色键"效果的参数，如图6-10所示。

图6-10

"线性颜色键"效果常用参数介绍如下。

- 预览：可以直接观察键控选取效果。
- 视图：设置"合成"窗口中的观察效果。
- 主色：设置键控基本色。
- 匹配颜色：设置匹配颜色空间。
- 匹配容差：设置匹配范围。
- 匹配柔和度：设置匹配柔和程度。
- 主要操作：设置主要操作方式为"主色"或"保持颜色"。

6.2.8 实战——线性颜色键效果的应用

下面使用"线性颜色键"效果来进行场景素材的抠像及合成，在静态的背景素材上方加入动态元素，使原本平平无奇的照片变为动态视频。

扫码看教学视频

01 导入素材。启动After Effects 2023软件，单击主页"新建项目"按钮，执行"文件"|"导入"|"文件"命令或按快捷键Ctrl+I，导入"星空.mp4""地球绿幕.mp4"素材，如图6-11所示。

02 调整图层。将"项目"面板中的"星空.mp4""地球绿幕.mp4"素材拖入当前"时间轴"面板，"星空.mp4"图层放置在"地球绿幕.mp4"素材层的下方，如图6-12所示。

03 添加效果。在"效果和预设"面板中搜索"线性颜色键"效果，拖至"地球绿幕.mp4"图层上，如图6-13所示。

04 调整效果。在"效果控件"面板中使用"吸管工具"吸取绿幕，如图6-14所示。

图6-11

图6-12

图6-13

图6-14

05 吸取之后的效果如图6-15所示。

图6-15

06 此时会发现地球边缘还有少许绿色，如图6-16所示。

图6-16

07 根据实际画面再次调整效果。将"线性颜色键"中的"匹配容差"参数设置为22%，如图6-17所示。

图6-17

08 完成全部操作后，在"合成"窗口中可以预览视频效果，如图6-18所示。

图6-18

6.2.9　颜色范围

"颜色范围"效果可以基于颜色范围进行抠像操作。选中素材层，执行"效果"|"抠像"|"颜

色范围"命令,在"效果控件"面板中可以查看并调整"颜色范围"效果的参数,如图6-19所示。

图6-19

"颜色范围"效果常用参数介绍如下。

- 预览:可以直接观察键控选取效果。
- 模糊:设置模糊程度。
- 色彩空间:设置色彩空间为"Lab""YUV"或"RGB"。
- 最小/大值(L,Y,R)/(a,U,G)/(b,V,B):准确设置色彩空间参数。

6.2.10 实战——颜色范围效果的应用

"颜色范围"效果在抠取具有多种颜色构成,或是灯光不均匀的蓝屏或绿屏背景时非常有效。本实战通过具体实例讲解"颜色范围"效果的使用方法。

扫码看教学视频

01 导入素材。启动After Effects 2023软件,单击主页"新建项目"按钮,执行"文件"|"导入"|"文件"命令或按快捷键Ctrl+I,导入"花瓣飘落.mp4"和"樱花林.jpg"素材,如图6-20所示。

图6-20

02 将"项目"面板中的"花瓣飘落.mp4"和"樱花林.jpg"素材拖入当前"时间轴"面板,"花瓣飘落.mp4"图层放置在"樱花林.jpg"素材层的上方,如图6-21所示。

图6-21

03 添加效果。在"效果和预设"面板中搜索"颜色范围"效果,拖至"花瓣飘落.mp4"图层上,如图6-22所示。

图6-22

04 调整效果。选中"花瓣飘落.mp4"图层,在"效果控件"面板中,将"颜色范围"中的"色彩空间"参数改为"RGB",如图6-23所示。

图6-23

05 吸取颜色。选择"花瓣飘落.mp4"图层,在"颜色范围"参数栏中单击第一个吸管按钮,然后移动光标至"合成"面板,单击黑色背景部分进行取色,如图6-24所示。

图6-24

06 完成取色后，在"效果控件"面板中对"颜色范围"效果的各项参数进行调整，如图6-25所示。

图6-25

07 右击"花瓣飘落.mp4"图层，在弹出的快捷菜单中执行"变换"|"水平翻转"命令，将花瓣飘落的起点移动到左上角，如图6-26所示。

图6-26

08 完成全部操作后，在"合成"窗口中可以预览视

频效果，如图6-27和图6-28所示。

图6-27

图6-28

6.2.11 颜色差值键

"颜色差值键"效果可以将图像分成A、B两个遮罩，并将其相结合使画面形成将背景变透明的第3种蒙版效果。选中素材层，执行"效果"|"抠像"|"颜色差值键"命令，在"效果控件"面板中可以查看并调整"颜色差值键"效果的参数，如图6-29所示。

图6-29

"颜色差值键"效果常用参数介绍如下。

- 吸管工具：可在图像中单击吸取需要抠除的颜色。
- 加吸管：可增加吸取范围。
- 减吸管：可减少吸取范围。
- 预览：可以直接观察键控选取效果。
- 视图：设置"合成"窗口中的观察效果。
- 主色：设置键控基本色。
- 颜色匹配准确度：设置颜色匹配的精准程度。

6.2.12 实战——颜色差值键效果的应用

"颜色差值键"效果是一种运用颜色差值计算方法进行抠像的效果，可以精确地抠取蓝屏或绿屏前拍摄的镜头。下面通过实例具体讲解"颜色差值键"效果的使用方法。

扫码看教学视频

01 导入素材。启动After Effects 2023软件，单击主页"新建项目"按钮，执行"文件"|"导入"|"文件"命令或按快捷键Ctrl+I，导入"光影.mp4""海底.mp4""鲨鱼.mp4"素材，如图6-30所示。

图6-30

02 调整图层。将"项目"面板中的"光影.mp4""海底.mp4""鲨鱼.mp4"素材拖入当前"时间轴"面板，从上往下顺序为"光影.mp4""鲨鱼.mp4""海底.mp4"，如图6-31所示。

03 添加效果。在"效果和预设"面板中搜索"颜色差值键"效果，拖至"光影.mp4"和"鲨鱼.mp4"图层上，如图6-32所示。

04 调整效果。隐藏"光影.mp4"图层，选择"鲨鱼.mp4"图层，在"效果控件"面板中单击"主色"选项右侧的吸管按钮，然后移动光标至"合成"窗口，单击黑色背景部分进行取色。完成取色

后，在"效果控件"面板中对"颜色差值键"效果的各项参数进行调整，如图6-33所示。

图6-31

图6-32

图6-33

05 添加并调整效果。在"效果和预设"面板中搜索"曝光度"效果，拖至"鲨鱼.mp4"图层上，然后在"效果控件"面板中调整"曝光度"参数，如图6-34所示。

06 调整效果。隐藏"鲨鱼.mp4"图层，显示"光影.mp4"图层，在"效果控件"面板中单击"主色"选项右侧的吸管按钮，然后移动光标至"合成"窗口，单击黑色背景部分进行取色。完成取色

后，在"效果控件"面板中对"颜色差值键"效果的各项参数进行调整，如图6-35所示。

图6-34

图6-35

07 调整参数。右击"光影.mp4"图层，在弹出的快捷菜单中执行"变换"|"水平翻转"命令，将光线的起点移动到右上角，如图6-36所示，显示"鲨鱼.mp4"图层，在0:00:00:00时设置"位置"关键帧，参数为（-466，624）。在0:00:10:00时设置"位置"关键帧，参数为（2671，624）。

图6-36

08 最终合成效果如图6-37所示。

图6-37

6.3
综合实战——汽车擦除效果

对于一些大型电影和电视场景，需要处理画面素材中一些多余的素材，可以使用跟踪器和内容识别填充效果。

扫码看教学视频

01 导入素材。启动After Effects 2023软件，单击主页"新建项目"按钮新建项目文件，按快捷键Ctrl+I，导入"汽车.mp4"素材，如图6-38所示。

图6-38

02 将"项目"面板中的"汽车.mp4"素材拖入当前"时间轴"面板，如图6-39所示。

图6-39

03 绘制蒙版。选中"汽车.mp4"图层，单击工具栏中的"钢笔工具"，如图6-40所示。使用"钢笔工具"将汽车抠出，效果如图6-41所示。

图6-40

图6-41

04 追踪蒙版。选中"汽车.mp4"图层，按两次M键，打开"蒙版"参数栏，将蒙版设置为"无"，如图6-42所示。在菜单栏中执行"窗口"|"跟踪器"命令，打开"跟踪器"面板，选中"汽车.mp4"图层下的"蒙版 1"，在"跟踪器"面板中单击"向前跟踪所选蒙版"按钮▶，如图6-43所示。

图6-42

图6-43

05 调整图层模式。在"蒙版"模式下拉列表中选择"相减"模式，如图6-44所示。执行"窗口"|"内容识别填充"命令，如图6-45所示，打开"内容识别填充"面板。

图6-44

图6-45

06 调整内容识别填充参数。选择"内容识别填充"选项，调整"阿尔法扩展"属性为10，如图6-46所示，单击"生成填充图层"按钮，如图6-47所示。

图6-46

图6-47

07 生成填充素材。弹出"另存为"对话框,选择任意位置保存,如图6-48所示,"图层"面板将会新建一个"填充.png"图层,如图6-49所示。

图6-48

图6-49

08 汽车擦除效果制作完成,效果如图6-50所示。

图6-50

6.4
本章小结

在影视制作中,素材抠像是场景合成的关键操作,也是影视后期制作中基本且常用的技术手段。本章介绍了After Effects 2023中用于抠像与合成的视频效果,熟练掌握这些抠像效果的应用,有助于用户日后在项目制作中轻松应对各类素材的抠像及合成工作。

第 7 章
视频特效的应用

After Effects 2023作为一款专业的影视后期特效软件，内置上百种视频特效，每种特效都可以通过设置关键帧来生成视频动画，或者通过相互叠加、搭配使用来实现震撼的视觉效果。

本章重点

◎ 添加视频特效　　　　　　　　◎ 调整特效参数

◎ 特效的复制和粘贴　　　　　　◎ 删除视频特效

7.1
视频特效的基本用法

After Effects中的视频特效大致可以分为两类，一类是After Effects软件内置的视频效果，利用这些效果可以基本满足用户日常的影视制作需求；另一类是外挂效果，需要用户通过互联网下载安装，可以进一步帮助用户制作出更多丰富的影片特效。本章主要是对After Effects 2023的内置视频特效进行讲解。

7.1.1　添加视频特效

After Effects 2023内置数百种视频特效，这些视频特效按照不同类别放置在"效果和预设"面板中。下面介绍3种添加内置视频特效的方法。

1. 通过菜单命令添加

在"时间轴"面板中选择需要添加视频特效的素材层，执行"效果"菜单命令，在下拉菜单中可以选择应用不同类型的视频特效，如图7-1所示。

2. 通过快捷菜单添加

在"时间轴"面板中选择需要添加视频特效的素材层，右击，在弹出的快捷菜单中执行"效果"命令，在级联菜单中可以选择应用不同类型的视频特效，如图7-2所示。

3. 通过"效果和预设"面板添加

在工作界面右侧的"效果和预设"面板中，视频特效被分成了不同的组别，用户可以直接在搜索栏输入某个特效的名称进行快速检索，检索完成后，将效果直接拖到"时间轴"面板中需要应用特效的素材层上方即可，如图7-3所示。此外，用户也可以在"效果和预设"面板中双击视频特效，同样可以将视频特效应用到所选的素材层。

效果(T)	动画(A)	视图(V)	窗口	帮助(H)
✓ 效果控件(E)				F3
颜色差值键(E)				Ctrl+Alt+Shift+E
全部移除(R)				Ctrl+Shift+E
3D 通道				＞
Boris FX Mocha				＞
Cinema 4D				＞
Keying				＞
Matte				＞
RG Trapcode				＞
Red Giant				＞
Video Copilot				＞
表达式控制				＞
沉浸式视频				＞
风格化				＞
过渡				＞
过时				＞
抠像				＞
模糊和锐化				＞
模拟				＞
扭曲				＞
生成				＞
时间				＞
实用工具				＞
通道				＞
透视				＞
文本				＞
颜色校正				＞
音频				＞
杂色和颗粒				＞
遮罩				＞

图7-1

图7-2

图7-3

7.1.2 调整特效参数

为素材添加视频特效后，如果想进一步达到理想的视觉效果，则需要对特效的参数进行调整。下面介绍两种调整特效参数的方法。

1. 使用"效果控件"面板

在启动After Effects软件时，"效果控件"面板默认为打开状态，如果该面板在界面中没有显示，可执行"窗口"|"效果控件"命令，将该面板打开。

在为素材层添加视频特效后，该层所用特效的相关参数将在"效果控件"面板中显示出来，此时可根据需求对特效参数进行调整，如图7-4所示。

图7-4

2. 使用"时间轴"面板

素材层应用了视频特效后，在"时间轴"面板中单击素材层左侧的箭头按钮，然后单击"效果"选项左侧的箭头按钮，即可展开特效参数并进行修改，如图7-5所示。

图7-5

在"效果控件"和"时间轴"面板中，针对不同的效果参数，可使用不同的调整方法。

- 菜单调整：展开参数右侧的下拉列表，在其中选择相应选项进行修改。
- 拖动或输入数值：在特效选项右侧若出现数值参数，可选择将光标放置在数值上方，当出现双箭头标记时，按住鼠标左键进行拖动，或直接单击数值，在激活状态下输入数字，即可进行修改。

- 颜色修改：单击颜色参数右侧的色块，打开"拾色器"对话框，在该对话框中选择所需颜色即可。此外，还可以使用"吸管工具"在"合成"窗口中吸取所需颜色。

7.1.3 复制和粘贴特效

相同层的不同位置或不同层之间需要的特效完全一样，则可以通过复制和粘贴的方式快速应用同一特效，有效节省工作时间。

在"效果控件"面板或"时间轴"面板中，选择需要进行复制的特效，执行"编辑"|"复制"命令，或按快捷键Ctrl+C，即可复制所选特效，如图7-6所示。

图7-6

在"时间轴"面板中，选择需要应用特效的素材层，执行"编辑"|"粘贴"命令，或按快捷键Ctrl+V，即可将复制的特效粘贴到该层，如图7-7所示。

图7-7

如果特效只是在本层进行复制和粘贴，则可以在"效果控件"面板或"时间轴"面板中选择该特效，按快捷键Ctrl+D进行操作。

7.1.4 删除视频特效

如果添加的特效有误，或者不再需要添加某个特效，可以选择该特效，执行"编辑"|"清除"命令，或按Delete键，即可将其删除。

7.1.5 实战——添加预设特效

为了方便用户使用，After Effects 2023有很多视频预设特效，下面将以实例的形式演示应用这些视频预设特效的使用方法。

扫码看教学视频

01 导入工程文件。启动After Effects 2023软件，按快捷键Ctrl+O，打开相关素材中的

"添加预设特效.aep"项目文件。打开项目文件后，可在"合成"窗口中预览当前画面效果，如图7-8所示。

图7-8

02 添加效果。在"时间轴"面板中选择"调整图层1"图层，在"效果和预设"面板中搜索"电路"，拖至"调整图层1"图层上，如图7-9所示。

03 完成上述操作后，"合成"窗口预览效果如图7-10所示。

04 调整图层参数。选中"调整图层 1"图层，按 T键打开"不透明度"参数，参数设置为30%，如图7-11所示。

图7-9

图7-10

图7-11

05 创建关键帧。完成上述操作后，按U键显示所有关键帧，将0:00:05:00处的关键帧移动至0:00:10:00处，如图7-12所示。

图7-12

06 调整效果。在"效果控件"面板中，将"Tritone"效果的"中间调"改为蓝色（#2a52a6），如图7-13所示。

图7-13

07 完成全部操作后，在"合成"窗口中可以预览视频效果，如图7-14和图7-15所示。

图7-14

图7-15

7.2
风格化特效组

"风格化"特效组中的特效可用于模仿各种绘画风格，以此来使图像产生丰富的视觉效果，下面讲解其中一些较为常用的视频特效。

7.2.1 阈值

"阈值"效果可以将图像转换成高对比度的黑白图像效果，并通过级别的调整来设置黑白所占的比例。素材应用"阈值"效果的前后对比如图7-16和图7-17所示。

图7-16

图7-17

为素材添加"阈值"效果后,该效果在"效果控件"面板中对应的参数如图7-18所示。

图7-18

"阈值"效果常用参数介绍如下。

● 级别:用于设置阈值级别。低于该阈值的像素将转换为黑色,高于该阈值的像素将转换为白色。

7.2.2　实战——制作油彩效果

"CC plastic"效果可以模拟油彩效果,下面通过实例讲解如何制作油彩效果。

扫码看教学视频

01 导入工程文件。启动After Effects 2023软件,按快捷键Ctrl+O,打开相关素材中的"油彩效果.aep"项目文件。打开项目文件后,可在"合成"窗口中预览当前画面效果,如图7-19所示。

图7-19

02 添加并修改效果。在"时间轴"面板中选择"草原.mp4"图层,在"效果和预设"面板中搜索"CC Plastic",将其拖至"草原.mp4"图层上,然后在"效果控件"面板中调整"CC Plastic"效果的各项参数,如图7-20所示。

图7-20

"CC Plastic"效果常用参数介绍如下。

● Softness:设置效果柔软度。

● Height:设置效果强度。

● Cut Min:设置效果最小范围。

● Cut Max:设置效果最大范围。

● Light Intensity:设置效果光照强度。

● Light Direction:设置效果光照方向。

- Ambient：设置效果周围差别。
- Diffuse：设置效果漫反射。
- Dust：设置效果颗粒感。
- Specular：设置效果镜面反射。
- Roughness：设置效果粗糙度。
- Metal：设置效果金属质感。

03 完成全部操作后，在"合成"窗口中可以预览视频效果，如图7-21和图7-22所示。

图7-21

图7-22

7.2.3 散布

"散布"效果可在素材层中散布像素，从而创建模糊的外观。素材应用"散布"效果的前后对比如图7-23和图7-24所示。

图7-23

图7-24

为素材添加"散布"效果后，该效果在"效果控件"中对应的参数如图7-25所示。

图7-25

"散布"效果常用参数介绍如下。

- 散布数量：用于设置散布分散数量。
- 颗粒：设置颗粒分散方向为"两者""水平"或"垂直"。
- 散布随机性：设置散布随机性。

7.2.4 CC Burn Film

"CC Burn Film"（CC胶片灼烧）效果可用于模拟胶片的灼烧效果。素材应用"CC Burn Film"效果的前后对比如图7-26和图7-27所示。

为素材添加"CC Burn Film"效果后，该效果在"效果控件"面板中对应的参数如图7-28所示。

图7-26

图7-27

图7-28

"CC Burn Film"效果常用参数介绍如下。

- Burn（灼烧）：用于设置灼烧程度。
- Center（中心）：用于设置灼烧的中心点。
- Random Seed（随机种子）：随机调整灼烧颗粒的分布。

7.2.5　CC Kaleida

"CC Kaleida"（CC万花筒）效果可用于模拟万花筒效果。素材应用"CC Kaleida"效果的前后对比如图7-29和图7-30所示。

为素材添加"CC Kaleida"效果后，该效果在"效果控件"面板中对应的参数如图7-31所示。

图7-29

图7-30

图7-31

"CC Kaleida"效果常用参数介绍如下。

- Center（中心）：设置中心位置。
- Size（型号）：设置万花筒效果型号。
- Mirroring（镜像）：设置镜像效果。
- Rotation（旋转）：设置效果旋转角度。
- Floating Center（浮动中心）：勾选该复选框可设置浮动中心点。

7.2.6　实战——制作毛玻璃效果

本实战使用"高斯模糊"效果为图像制作毛玻璃的特殊效果。

扫码看教学视频

01 导入工程文件。启动After Effects 2023软件，按快捷键Ctrl+O，打开相关素材中的"毛玻璃.aep"项目文件。打开项目文件后，可在"合成"窗口中预览当前画面效果，如图7-32所示。

02 添加效果。在"时间轴"面板中选中"调整图层1"图层，在"效果和预设"面板中搜索"高斯模糊"，拖至"调整图层1"图层上，如图7-33所示。

03 添加效果。按照上述方法，给"调整图层1"图层添加"分形杂色"效果，最终"效果控件"面板如图7-34所示。

图7-32

图7-33

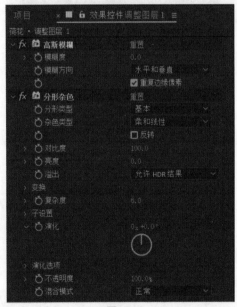

图7-34

04 设置"高斯模糊"的"模糊度"参数为100，如图7-35所示。

图7-35

05 设置"分形杂色"的"不透明度"参数为10%，"变换"栏下的"缩放"参数为20，"混合模式"改为"叠加"，如图7-36所示。

06 完成上述操作后，画面效果前后对比如图7-37和图7-38所示。

图7-36

图7-37

图7-38

7.2.7　动态拼贴

"动态拼贴"可以将图像进行水平和垂直的拼贴，产生类似在墙上贴瓷砖的效果。素材应用"动态拼贴"效果的前后对比如图7-39和图7-40所示。

为素材添加"动态拼贴"效果后，该效果在"效果控件"面板中对应的参数如图7-41所示。

图7-39

图7-40

图7-41

"动态拼贴"效果常用参数介绍如下。

● 拼贴中心：设置拼贴效果的中心位置。

● 拼贴宽度：设置分布图像的宽度。

● 拼贴高度：设置分布图像的高度。

● 输出宽度：设置输出的宽度数值。

● 输出高度：设置输出的高度数值。

● 镜像边缘：勾选该复选框，可使边缘呈镜像。

● 相位：设置拼贴相位角度。

● 水平位移：勾选该复选框，可对此时的拼贴效果进行水平位移。

7.2.8 发光

运用"发光"效果可以找到图像中较亮的部分，并使这些像素的周围变亮。素材应用"发光"效果的前后对比如图7-42和图7-43所示。

图7-42

图7-43

为素材添加"发光"效果后，该效果在"效果控件"面板中对应的参数如图7-44所示。

"发光"效果常用参数介绍如下。

● 发光基于：设置发光作用通道为Alpha通道或颜色通道。

● 发光阈值：设置发光的覆盖面。

● 发光半径：设置发光半径。

● 发光强度：设置发光强烈程度。

● 合成原始项目：设置项目为"顶端""后面"或"无"。

● 发光操作：设置发光的混合模式。

● 发光颜色：设置发光的颜色。

● 颜色循环：设置发光循环方式。

● 色彩相位：设置光色相位。

图7-44

- A和B中点：设置发光颜色A到B的中点百分比。
- 颜色A：设置颜色A的颜色。
- 颜色B：设置颜色B的颜色。
- 发光维度：设置发光作用方向。

7.3
过渡特效组

"过渡"特效组中的特效主要用于制作图像间的过渡效果，下面讲解其中一些较为常用的视频特效。

7.3.1 渐变擦除

"渐变擦除"可以使图像之间产生梯度擦除的效果。素材应用"渐变擦除"效果的前后对比如图7-45和图7-46所示。

图7-45

图7-46

为素材添加"渐变擦除"效果后，该效果在"效果控件"面板中对应的参数如图7-47所示。

图7-47

"渐变擦除"效果常用参数介绍如下。

- 过渡完成：用于调整渐变擦除过渡完成的百分比。
- 过渡柔和度：用于设置过渡边缘的柔化程度。
- 渐变图层：用于指定一个渐变层。
- 渐变位置：用于设置渐变层的放置方式，包括"拼贴渐变""中心渐变"和"伸缩渐变以适合"3种方式。
- 反转渐变：勾选该复选框后，可以反转当前渐变过渡效果。

7.3.2 CC Grid Wipe

"CC Grid Wipe"（CC网格擦除）可以将图像分解成很多小网格，再以交错网格的形式来擦除画面。素材应用"CC Grid Wipe"效果的前后对比如图7-48和图7-49所示。

为素材添加"CC Grid Wipe"效果后，该效果在"效果控件"面板中对应的参数如图7-50所示。

"CC Grid Wipe"效果常用参数介绍如下。

- Completion（完成）：用来调节图像过渡的百分比。

图7-48

图7-49

图7-50

- Center（中心）：用于设置网格的中心点位置。
- Rotation（旋转）：用于设置网格的旋转角度。
- Border（边界）：用于设置网格的边界位置。
- Tiles（拼贴）：用于设置网格的大小。
- Shape（形状）：用于设置整体网格的擦除形状，包含"Doors"（门）、"Radial"（径向）、"Rectangular"（矩形）3种形状。

- Reverse Transition（反转变换）：勾选该复选框，可以将网格与图像区域进行转换，使擦除的形状相反。

7.3.3　光圈擦除

"光圈擦除"效果主要通过调节内外半径产生不同的形状来擦除画面。素材应用"光圈擦除"效果的前后对比如图7-51和图7-52所示。

图7-51

图7-52

为素材添加"光圈擦除"效果后，该效果在"效果控件"面板中对应的参数如图7-53所示。

图7-53

"光圈擦除"效果常用参数介绍如下。

- 光圈中心：设置擦除形状的中心位置。
- 点光圈：用于调节擦除的多边形形状。
- 外径：设置外半径数值，调节擦除图形的大小。
- 内径：设置内半径数值，在勾选"使用内径"复选框时才能使用。
- 旋转：用于设置多边形旋转的角度。
- 羽化：用于调节多边形的羽化程度。

7.3.4 百叶窗

使用"百叶窗"效果可以制作出类似百叶窗一样的条纹过渡效果。素材应用"百叶窗"效果的前后对比如图7-54和图7-55所示。

图7-54

图7-55

为素材添加"百叶窗"效果后，该效果在"效果控件"面板中对应的参数如图7-56所示

"百叶窗"效果常用参数介绍如下。

- 过渡完成：用来调节图像过渡的百分比。
- 方向：用来设置百叶窗条纹的方向。
- 宽度：用来设置百叶窗条纹宽度。
- 羽化：用来设置百叶窗条纹的羽化程度。

图7-56

7.4 过时特效组

"过时"特效组中包含亮度键、基本3D、基本文字、颜色键、快速模糊（旧版）等9种特效，下面讲解其中一些较为常用的视频特效。

7.4.1 亮度键

"亮度键"效果可以使相对于指定明亮度的图像区域变为透明。素材应用"亮度键"效果的前后对比如图7-57和图7-58所示。

图7-57

图7-58

为素材添加"亮度键"效果后，该效果在"效

果控件"面板中对应的参数如图7-59所示。

图7-59

"亮度键"效果常用参数介绍如下。

- 键控类型：设置画面中需要抠出的区域。
- 阈值：设置覆盖范围。
- 容差：设置容差数值。
- 薄化边缘：设置边缘薄化程度。
- 羽化边缘：设置边缘柔和程度。

7.4.2 基本3D

"基本3D"效果可以使图像在三维空间内进行旋转、倾斜、水平或垂直等操作。素材应用"基本3D"效果的前后对比如图7-60和图7-61所示。

图7-60

图7-61

为素材添加"基本3D"效果后，该效果在"效果控件"面板中对应的参数如图7-62所示。

图7-62

"基本3D"效果常用参数介绍如下。

- 旋转：设置旋转程度。
- 倾斜：设置倾斜程度。
- 与图像的距离：设置与图像之间的间距。
- 镜面高光：勾选该复选框后，可显示镜面高光。
- 预览：勾选该复选框后，可以绘制预览线框。

7.4.3 基本文字

使用"基本文字"效果可以生成基本字符，并对字符外观进行调整。素材应用"基本文字"效果的前后对比如图7-63和图7-64所示。

为素材添加"基本文字"效果后，该效果在"效果控件"面板中对应的参数如图7-65所示。

图7-63

"基本文字"效果常用参数介绍如下。

- 位置：设置文字位置。
- 填充和描边：设置填充和描边的相关参数。

图7-64

图7-65

- 显示选项：设置文本形式为"仅填充""仅描边""在描边上填充"或在"填充上描边"。
- 填充颜色：设置文字填充的颜色。
- 描边颜色：设置文字描边的颜色。
- 描边宽度：设置文字描边的宽度。
- 大小：设置文字大小。
- 字符间距：设置字符与字符间的距离。
- 行距：设置行与行之间的距离。
- 在原始图像上合成：勾选该复选框后，可在原始图像上方显示文字。

7.4.4 实战——制作水墨褪色效果

使用"颜色键"效果，可以快速抠出背景色较为干净的图像。本实战使用"颜色键"抠像制作出水墨褪色的效果。

扫码看教学视频

01 导入工程文件。启动After Effects 2023软件，按快捷键Ctrl+O，打开相关素材中的"水墨褪色效果.aep"项目文件。打开项目文件

后，可在"合成"窗口中预览当前画面效果，如图7-66所示。

图7-66

02 添加效果。在"效果和预设"中搜索"颜色键"效果，拖至"水墨画.png"图层上，如图7-67所示。

图7-67

03 在"效果控件"面板中，单击"主色"选项右侧的吸管按钮，移动光标至"合成"窗口，单击背景部分进行取色（#c6b192），如图7-68所示。

04 创建关键帧。完成取色后，在"效果控件"面板中，为"颜色容差"属性在0:00:00:00时打上关键帧，如图7-69所示。

图7-68

图7-69

05 在"时间轴"面板中选中"水墨画.png"图层，按U键打开全部关键帧，按快捷键Shift+T打开"透明度"属性，如图7-70所示。为"不透明度"属性在0:00:00:00时打上关键帧，参数如图7-71所示。

图7-70

图7-71

06 在0:00:05:00时给"颜色容差"和"不透明度"属性打上关键帧，如图7-72所示。

图7-72

07 完成全部操作后，在"合成"窗口中可以预览视频效果，如图7-73和图7-74所示。

图7-73

图7-74

7.4.5 高斯模糊（旧版）

使用"高斯模糊（旧版）"效果，可以对图像进行自定义模糊化处理。素材应用"高斯模糊（旧版）"效果的前后对比如图7-75和图7-76所示。

图7-75

图7-76

为素材添加"高斯模糊（旧版）"效果后，该效果在"效果控件"面板中对应的参数如图7-77所示。

"高斯模糊（旧版）"效果常用参数介绍如下。

图7-77

- 模糊度：用于设置模糊程度。
- 模糊方向：设置模糊方向为"水平和垂直""水平或垂直"。

7.5 模拟特效组

通过"模拟"特效组中的特效，可在画面中表现碎裂、液态、粒子、星爆、散射和气泡等仿真效果，下面讲解其中一些较为常用的视频特效。

7.5.1 实战——制作海底气泡效果

"泡沫"效果可以根据画面内容模拟气泡效果，下面通过实例讲解如何使用"泡沫"效果制作海底气泡效果。

扫码看教学视频

01 导入工程文件。启动After Effects 2023软件，按快捷键Ctrl+O，打开相关素材中的"海底气泡效果.aep"项目文件。打开项目文件后，可在"合成"窗口中预览当前画面效果，如图7-78所示。

02 新建纯色图层。按快捷键Ctrl+Y创建"纯色"图层，参数如图7-79所示。

03 添加效果。在"效果和预设"面板中搜索"泡沫"效果，拖至"白色 纯色 1"图层上，如图7-80所示。完成操作后，在"合成"窗口中对应的预览效果如图7-81所示。

图7-78

图7-79

图7-80

图7-81

04 在"效果控件"面板中，打开"泡沫"下"制作者"栏，将"产生点"移动至画面底端，"产生X大小"调整为0.45，如图7-82所示。

图7-82

05 在"时间轴"面板中，选择"白色 纯色 1"图层，将图层模式改为"相加"，如图7-83所示。

图7-83

06 完成上述操作后，在"合成"窗口中对应的预览效果如图7-84所示。

图7-84

07 调整效果。在"效果控件"面板中对"泡沫"的"大小差异"和"初始速度"进行调整，参数如图7-85所示。

图7-85

08 完成全部操作后，在"合成"窗口中可以预览视频效果，如图7-86和图7-87所示。

图7-86

图7-87

7.5.2　CC Drizzle

"CC Drizzle"（CC细雨）效果可以模拟雨滴落入水面时产生的涟漪效果。素材应用"CC Drizzle"效果的前后对比如图7-88和图7-89所示。

图7-88

为素材添加"CC Drizzle"效果后，该效果在"效果控件"面板中对应的参数如图7-90所示。

"CC Drizzle"效果常用参数介绍如下。

● Drip Rate（滴速）：设置雨滴的速度。

● Longevity（sec）（寿命（秒））：设置雨滴的寿命。

图7-89

图7-90

- Rippling（涟漪）：用于设置涟漪的圈数。
- Displacement（排量）：设置涟漪的排量大小。
- Ripple Height（波纹高度）：用于设置波纹的高度。
- Spreading（传播）：设置涟漪的传播速度。
- Light（灯光）：用于设置灯光的强度、颜色、类型及角度等属性。
- Shading（阴影）：设置涟漪的阴影属性。

7.5.3 实战——模拟下雨场景

使用"CC Rainfall"（CC下雨）特效可以模拟真实的下雨效果，下面通过案例介绍具体的操作方法。

扫码看教学视频

01 导入工程文件。启动After Effects 2023软件，按快捷键Ctrl+O，打开相关素材中的"下雨场景.aep"项目文件。打开项目文件后，可在"合成"窗口中预览当前画面效果，如图7-91所示。

02 添加及调整效果。在"效果和预设"面板中搜索

"CC Rainfall"效果，拖至"阴天城市.jpg"图层上，在"效果控件"面板中调整"CC Rainfall"效果中的Size"Wind""Opacity"等参数，如图7-92所示。

图7-91

图7-92

03 完成上述操作后，在"合成"窗口中可以预览视频效果，如图7-93所示。

图7-93

"CC Rainfall"效果常用参数介绍如下。

- Drops（降落）：用于设置降落的雨滴数量。
- Size（尺寸）：设置雨滴的尺寸。
- Scene Depth（景深）：设置雨滴的景深效果。

- Speed（速度）：调节雨滴的降落速度。
- Wind（风向）：调节雨的风向。
- Variation%（Wind）：设置风向变化百分比。
- Spread（散布）：设置雨的散布程度。
- Color（颜色）：设置雨滴的颜色。
- Opacity（不透明度）：设置雨滴的不透明度。
- Background Reflection（背景反射）：设置背景对雨的反射属性，如背景反射的影响、散布宽度和散布高度。
- Transfer Mode（传输模式）：从右侧的下拉列表中可以选择传输的模式。
- Composite With Original（与原始图像混合）：勾选该复选框后会显示背景图像，否则只在画面中显示雨滴。
- Extras（附加）：设置附加的显示、偏移、随机种子等属性。

7.5.4　实战——模拟下雪场景

扫码看教学视频

使用"CC Snowfall"（CC下雪）特效可以模拟自然界中的下雪效果，下面通过实例讲解如何使用"CC Snowfall"效果模拟下雪场景。

01 导入工程文件。启动After Effects 2023软件，按快捷键Ctrl+O，打开相关素材中的"下雪场景.aep"项目文件。打开项目文件后，可在"合成"窗口中预览当前画面效果，如图7-94所示。

02 添加及调整效果。在"效果和预设"面板中搜索"CC Snowfall"效果，拖至"雪地小屋.jpg"图层上，在"效果控件"面板中调整"CC Snowfall"效果中的"Size""Wind""Opacity"等参数，如图7-95所示。

图7-94

图7-95

03 完成上述操作后，在"合成"窗口中可以预览视频效果，如图7-96所示。

图7-96

"CC Snowfall"效果常用参数介绍如下。

- Flakes（片数）：用于设置雪花的数量。
- Size（尺寸）：用于调节雪花的尺寸大小。
- Variation%（Size）（变化（大小））：设置雪花的变化大小。
- Scene Depth（景深）：用于设置雪花的景深程度。
- Speed（速度）：设置雪花飘落的速度。
- Variation%（Speed）（变化（速度））：设置速度的变化量。
- Wind（风）：设置风的大小。
- Variation%（Wind）（变化（风））：设置风的变化量。

- Spread（散布）：设置雪花的分散程度。
- Wiggle（晃动）：设置雪花的颜色及不透明度属性。
- Background Illumination（背景亮度）：调整雪花背景的亮度。
- Transfer Mode（传输模式）：从右侧的下拉列表中可以选择雪花的输出模式。
- Composite With Original（与原始图像混合）：勾选该复选框后会显示背景图像，否则只在画面中显示雪花。
- Extras（附加）：设置附加的偏移、背景级别和随机种子等属性。

7.6 扭曲特效组

使用"扭曲"效果组中的特效，可以对图像进行扭曲、旋转等变形操作，以达到特殊的视觉效果，下面讲解其中一些较为常用的视频特效。

7.6.1 贝塞尔曲线变形

使用"贝塞尔曲线变形"特效，可以在层的边界上沿一个封闭曲线来变形图像。图像每个角有3个控制点，角上的点为顶点，用来控制线段的位置，顶点两侧的两个点为切点，用来控制线段的弯曲曲率。素材应用"贝塞尔曲线变形"效果的前后对比如图7-97和图7-98所示。

为素材添加"贝塞尔曲线变形"效果后，该效果在"效果控件"面板中对应的参数如图7-99所示。

图7-97

图7-98

图7-99

"贝塞尔曲线变形"效果常用参数介绍如下。

- 上左顶点：用于调节上面左侧的顶点位置。
- 上左/右切点：用于调节上面的左右两个切点位置。
- 右上顶点：用于调节上面右侧的顶点位置。
- 右上/下切点：用于调节右边上下两个切点位置。
- 下右顶点：用于调节下面右侧的顶点位置。
- 下右/左切点：用于调节下边左右两个切点位置。
- 左下顶点：用于调节左面下侧的顶点位置。
- 左下/上切点：用于调节左边上下两个切点位置。
- 品质：用于调节曲线的精细品质。

7.6.2 镜像

"镜像"效果可以按照指定的方向和角度将

图像沿一条直线分割为两部分，制作出镜像效果。素材应用"镜像"效果的前后对比如图7-100和图7-101所示。

图7-100

图7-103

图7-104

图7-101

为素材添加"镜像"效果后，该效果在"效果控件"面板中对应的参数如图7-102所示。

图7-102

"镜像"效果常用参数介绍如下。

● 反射中心：设置反射图像的中心点位置。

● 反射角度：设置镜像反射的角度。

7.6.3　波形变形

"波形变形"可以使图像产生类似水波纹的扭曲效果。素材应用"波形变形"效果的前后对比如图7-103和图7-104所示。

为素材添加"波形变形"效果后，该效果在"效果控件"面板中对应的参数如图7-105所示。

图7-105

"波形变形"效果常用参数介绍如下。

● 波形类型：设置波形类型为"正弦""三角波""方形"和"杂色"等。

● 波形高度：设置波形高度。

● 波形宽度：设置波形宽度。

● 方向：设置波形方向。

● 波形速度：设置波形速度。

● 固定：设置边角定位，可分别控制某个边缘。

● 相位：设置相位角度。

● 消除锯齿（最佳品质）：设置抗锯齿程度。

7.6.4 波纹

运用"波纹"效果可以使图像产生类似水面的波纹。素材应用"波纹"效果的前后对比如图7-106和图7-107所示。

图7-106

图7-107

为素材添加"波纹"效果后，该效果在"效果控件"面板中对应的参数如图7-108所示。

图7-108

"波纹"效果常用参数介绍如下。

● 半径：设置波纹半径。
● 波纹中心：设置波纹中心位置。
● 转换类型：设置转换类型为"不对称"或"对称"。
● 波形速度：设置波纹扩散的速度。

● 波形宽度：设置波纹之间的宽度。
● 波形高度：设置波纹之间的高度。
● 波纹相：设置波纹的相位。

7.7 生成特效组

通过"生成"效果组中的特效，可以使图像产生闪电、镜头光晕等常见效果，还可以对图像进行颜色填充、渐变填充和滴管填充等，下面讲解其中一些较为常用的视频特效。

7.7.1 圆形

使用"圆形"特效可以为图像添加一个圆形或环形的图案，并可以利用圆形图案制作蒙版效果。素材应用"圆形"效果的前后对比如图7-109和图7-110所示。

图7-109

图7-110

为素材添加"圆形"效果后，该效果在"效果控件"面板中对应的参数如图7-111所示。

图7-111

"圆形"效果常用参数介绍如下。

● 中心：设置圆形中心点的位置。

● 半径：设置圆形半径数值。

● 边缘：设置边缘表现形式。

● 未使用：当设置"边缘"为除"无"以外的选项时，即可设置对应参数。

● 羽化：设置边缘柔和程度。

● 反转圆形：勾选该复选框后，可反转圆形效果。

● 颜色：设置圆形的填充颜色。

● 不透明度：设置圆形的透明程度。

● 混合模式：设置效果的混合模式。

7.7.2 镜头光晕

"镜头光晕"效果可以在画面中生成合成镜头光晕效果，常用于制作日光光晕。素材应用"镜头光晕"效果的前后对比如图7-112和图7-113所示。

为素材添加"镜头光晕"效果后，该效果在"效果控件"面板中对应的参数如图7-114所示。

图7-112

图7-113

图7-114

"镜头光晕"效果常用参数介绍如下。

● 光晕中心：设置光晕中心点位置。

● 光晕亮度：设置光源亮度百分比。

● 镜头类型：设置镜头光源类型。

● 与原始图像混合：设置当前效果与原始图层的混合程度。

7.7.3 CC Light Sweep

"CC Light Sweep"（CC扫光）效果可以使图像以某个点为中心，像素向一边以擦除的方式运动，使其产生扫光的效果。素材应用"CC Light Sweep"效果的前后对比如图7-115和图7-116所示。

图7-115

图7-116

为素材添加"CC Light Sweep"效果后，该效果在"效果控件"面板中对应的参数如图7-117所示。

图7-117

"CC Light Sweep"效果常用参数介绍如下。

● Center（中心）：设置扫光的中心点位置。

● Direction（方向）：设置扫光的旋转角度。

● Shape（形状）：设置光线形状为"Linear"（线性）、"Smooth"（平滑）或"Sharp"（锐利）。

● Width（宽度）：设置扫光的宽度。

● Sweep Intensity（扫光亮度）：设置扫光的明亮程度。

● Edge Intensity（边缘亮度）：设置光线与图像边缘相接触时的明暗程度。

● Edge Thickness（边缘厚度）：设置调节光线与图像边缘相接触时的光线厚度。

● Light Color（光线颜色）：设置光线颜色。

● Light Reception（光线接收）：设置光线与源图像的叠加方式。

7.7.4 实战——更换素材颜色

"油漆桶"效果可以为图像填充指定颜色，下面通过实例讲解如何使用该效果更换项目文件中的素材颜色。

扫码看教学视频

01 导入工程文件。启动After Effects 2023软件，按快捷键Ctrl+O，打开相关素材中的"油漆桶改色.aep"项目文件。打开项目文件后，可在"合成"窗口中预览当前画面效果，如图7-118所示。

图7-118

02 添加及调整效果。在"效果和预设"面板中搜索"油漆桶"效果，拖至"乡村.jpg"图层上，在"效果控件"面板中调整"油漆桶"效果中的"容差"参数，如图7-119所示。

图7-119

03 调整效果锚点。单击"填充点"栏的"锚点"按钮■设置"填充点"位置，如图7-120所示。

图7-120

04 完成上述操作后，在"合成"窗口中可预览画面效果，可以看到屋顶的颜色已经发生改变，如图7-121所示。

图7-121

"油漆桶"效果常用参数介绍如下。

- 填充点：设置油漆的位置。
- 容差：允许填充颜色的差值。
- 颜色：设置填充颜色。

7.7.5 网格

使用"网格"效果可以在图像上方创建网格。素材应用"网格"效果的前后对比如图7-122和图7-123所示。

图7-122

图7-123

为素材添加"网格"效果后，该效果在"效果控件"面板中对应的参数如图7-124所示。

图7-124

"填充"效果常用参数介绍如下。

- 锚点：设置网格点的位置。
- 大小依据：可在右侧的下拉列表中，设置网格的大小方式为"边角点""宽度滑块""宽度和高度滑块"。
- 边角：设置相交点的位置。
- 宽度：设置每个网格的宽度。
- 高度：设置每个网格的高度。
- 边界：设置网格线的精细程度。
- 羽化：设置网格显示的柔和程度。
- 反转网格：勾选该复选框后，可反转网格效果。
- 颜色：设置网格线的颜色。
- 不透明度：设置网格的透明程度。
- 混合模式：设置网格与源素材的混合模式。

7.7.6 四色渐变

"四色渐变"效果可以在图像上方创建一个4色渐变效果，可用来模拟霓虹灯、流光溢彩等梦幻效果。素材应用"四色渐变"效果的前后对比如图7-125和图7-126所示。

图7-125

图7-126

为素材添加"四色渐变"效果后,该效果在"效果控件"面板中对应的参数如图7-127所示。

图7-127

"四色渐变"效果常用参数介绍如下。

- 位置和颜色:设置效果位置和颜色属性。
- 点1/2/3/4:设置颜色1/2/3/4的位置。
- 颜色1/2/3/4:设置颜色1/2/3/4的颜色。
- 混合:设置4种颜色的混合程度。
- 抖动:设置抖动程度。
- 不透明度:设置效果的透明程度。
- 混合模式:设置效果的混合模式。

7.7.7 描边

"描边"效果可以对蒙版轮廓进行描边。素材应用"描边"效果的前后对比如图7-128和图7-129所示。

为素材添加"描边"效果后,该效果在"效果控件"面板中对应的参数如图7-130所示。

"描边"效果常用参数介绍如下。

- 路径:设置描边的路径。

- 颜色:设置描边的颜色。
- 画笔大小:设置笔刷的大小。
- 画笔硬度:设置画笔边缘的坚硬程度。
- 不透明度:设置描边效果的透明程度。
- 起始:设置开始数值。
- 结束:设置结束数值。
- 间距:设置描边段之间的间距数值。
- 绘画样式:设置描边的表现形式。

图7-128

图7-129

图7-130

7.8
综合实战——制作发光溶解效果

在After Effects 2023中，结合不同的视频特效与粒子插件，可以打造出许多意想不到的视觉特效。下面将结合运用"粒子"和"发光"等多种特效，制作发光溶解特效。

扫码看教学视频

01 导入工程文件。启动After Effects 2023软件，单击主页"新建项目"按钮，按快捷键Ctrl+I，导入素材"AE.png"，如图7-131所示，使用快捷键Ctrl+N新建合成，参数如图7-132所示。

图7-131

图7-132

02 创建预合成。将"项目"面板中的"AE.png"素材拖入当前"时间轴"面板，并单击"切换透明网格"按钮，如图7-133所示。在"时间轴"面板中选中"AE.png"图层并右击，在弹出的快捷菜单中选择"预合成"选项，参数如图7-134所示。

03 创建图层和关键帧。在"时间轴"面板中右击，在弹出的快捷菜单中选择"形状图层"选项，如图7-135所示。双击"工具栏"中的"矩形工具"创建矩形。选中"形状图层 1"图层，按P键展开

"位置"属性，单击关键帧按钮，在0:00:00:00时设置参数如图7-136所示。

图7-133

图7-134

图7-135

图7-136

04 调整图层模式。在0:00:05:00时，设置"位置"参数如图7-137所示。选中"AE.png 合成 1"图层，打开"轨道遮罩"和"反转遮罩"开关，如图7-138所示。

117

图7-137

图7-138

05 添加及调整效果。在"效果和预设"面板中搜索"湍流置换"效果，拖至"形状图层 1"图层上，参数如图7-139所示。在"时间轴"面板中选中"形状图层 1"和"AE.png 合成 1"并右击，在弹出的快捷菜单中选择"预合成"选项，在打开的"预合成"对话框中设置参数如图7-140所示。

图7-139

图7-140

06 复制图层。在"时间轴"面板中选中"预合成 1"，按快捷键Ctrl+D复制一层，将复制的图层向右移动0.5秒，如图7-141所示。选中下层的图层，打开"轨道遮罩"和"反转遮罩"开关，如图7-142所示。

图7-141

轴"面板，图层位置关系如图7-144所示。

图7-142

07 调整图层。选中全部图层并右击，在弹出的快捷菜单中选择"预合成"选项，设置参数如图7-143所示，从"项目"面板中将"预合成 1"导入至"时间

图7-143

图7-144

08 添加及调整效果。在"效果和预设"中搜索"发光"效果，拖至"预合成 2"上，参数如图7-145所示。在"效果控件"面板中选中"发光"效果，按快捷键Ctrl+D快速复制一份，如图7-146所示。

图7-145

图7-146

09 最终效果如图7-147和图7-148所示。

图7-147

图7-148

7.9
本章小结

After Effects 2023中的内置视频特效高达上百种，本章仅选取了一些较为常用的内置视频特效进行讲解。通过本章的学习，相信大家可以快速掌握在After Effects 2023软件中添加和使用视频特效的方法，同时可以掌握调节各种特效参数的技巧。只有熟练掌握视频特效的应用方法和技巧，才能在影视特效项目的制作工作中得心应手，提高视频制作的效率。

第8章
音频特效的应用

在视频制作中，音频元素通常包括旁白、音乐和背景音效，在视频中合理地加入这些声音元素，可以起到辅助画面的作用，并且能更好地表现影片的主题和内涵。

一段好听的旋律，在人们心中唤起的联想可能比一幅画面所唤起的联想更为丰富和生动。因为音乐更具抽象性，它给人的不是抽象的概念，而是富有理性的美感情绪，它可以使每位观众根据自己的体验、志趣和爱好去展开联想，通过联想补充丰富画面，使画面更加生动且更富表现力。

本章重点
◎ 导入声音素材　　　　　　　　◎ 了解内置音频效果

◎ 可视化音频效果的制作　　　　◎ 频谱光影动画的制作

8.1 音频素材的基本操作

8.1.1 导入音频素材

在After Effects 2023中，用户可以将不同格式的音频素材导入软件。执行"文件"|"导入"|"文件"命令，打开"导入文件"对话框，在其中选择需要导入项目的音频素材文件，单击"导入"按钮，即可将选中的音频素材文件导入"项目"面板，如图8-1和图8-2所示。

图8-1

图8-2

还可以选择直接在"项目"面板的空白处双击，在弹出的"导入文件"对话框中选择音频素材文件进行导入；或者在计算机文件夹中长按住需要导入的音频素材文件，直接拖入After Effects 2023软件的"项目"面板，如图8-3所示。

> 提示：如果用户将音频素材导入After Effects 2023中进行播放预览时，出现没有声音的情况，此时可以执行"编辑"|"首选项"|"音频硬件"命令，在打开的"首选项"对话框中，将"默认输出"选项设置成与计算机"音量合成器"一致的输出选项即可。

图8-3

8.1.2 添加音频素材

将音频素材添加至"项目"面板后，便可以在之后的项目编辑工作中根据需求将素材添加到"图层"面板中。

添加音频素材的方法与添加视频或图像素材的方法基本一致，在"项目"面板中选择音频素材文件，按住鼠标左键，将其直接拖入"图层"面板，如图8-4所示。

图8-4

将音频素材拖动到"图层"面板时，光标会发生相应的变化，此时释放鼠标左键，即可将素材添加到"图层"面板中，在"合成"窗口中也能对素材进行预览，如图8-5所示。

图8-5

8.1.3 音频素材的截取

将音频素材添加到"图层"面板中后，可以双击音频素材，然后在"合成"窗口中对音频素材进行预览，并选取所需部分进行截取。

在"合成"窗口中，按住空格键可以对音频

进行播放预览。将时间标记移动到所需时间点，单击"将入点设置为当前时间"按钮，可以确定音频开始时间点，如图8-6所示；将时间标记向右移动到新的时间点，单击"将出点设置为当前时间"按钮，可以确定音频结束时间点，如图8-7所示。

图8-6

图8-7

提示：在"合成"窗口中完成音频截取操作后，在"图层"面板中对应的音频素材将仅保留截取部分。

8.1.4 音频的静音处理

将音频素材导入"图层"面板后，如果想对音频素材进行静音处理，可单击音频素材左侧的"音频-使音频（如果有）静音"按钮 🔊，如图8-8所示。当按钮中的喇叭图标消失，表示当前素材为静音状态。如需恢复声音，再次单击该按钮使喇叭图标出现即可。

图8-8

8.2
音频效果详解

After Effects 2023为用户提供了众多可用于音频素材处理的特效。在"图层"面板中，选择音频素材，执行"效果"|"音频"命令，在级联菜单中可以选择任意音频效果进行应用，如图8-9所示。

图8-9

8.2.1 调制器

"调制器"效果可以通过改变频率和振幅产生颤音和震音效果。为素材添加"调制器"效果后，该效果在"效果控件"面板中对应的参数如图8-10所示。

图8-10

"调制器"效果常用参数介绍如下。

- 调制类型：设置颤音类型为"正弦"或"三角形"。
- 调制速率：设置调制的速率，以赫兹为单位。
- 调制深度：用于设置调制的深度百分比。
- 振幅变调：用于设置振幅变调量的百分比。

8.2.2 倒放

"倒放"效果用于将音频素材反向播放，即从最后一帧开始播放至第一帧，在"图层"面板中帧的排列顺序保持不变。为素材添加"倒放"效果后，该效果在"效果控件"面板中对应的参数如图8-11所示。

图8-11

"倒放"效果常用参数介绍如下。

- 互换声道：勾选该复选框后，可以交换左右声道。

8.2.3 低音和高音

"低音和高音"效果可用于提高或削减音频的低频（低音）或高频（高音）。为素材添加"低音和高音"效果后，该效果在"效果控件"面板中对应的参数如图8-12所示。

图8-12

"低音和高音"效果常用参数介绍如下。

- 低音：用于提高或降低低音部分。
- 高音：用于提高或降低高音部分。

8.2.4 参数均衡

"参数均衡"效果可以增强或减弱特定的频率范围，一般用于增强音乐效果，例如提升低频以调出低音效果。为素材添加"参数均衡"效果后，该效果在"效果控件"面板中对应的参数如图8-13所示。

图8-13

"参数均衡"效果常用参数介绍如下。

● 网频响应：设置频率的相应曲线。
● 启用带1/2/3条参数曲线：可设置3条曲线的曲线状态。
● 频率：频率响应曲线，水平方向表示频率范围，垂直方向表示增益值。
● 带宽：设置带宽属性。
● 推进/剪切：用于设置要提高或削减指定带内频率振幅的数量。正值表示提高，负值表示削减。

8.2.5 变调与合声

"变调与合声"效果包含两个独立的音频效果，变调是通过复制原始声音再对原频率进行位移变化；合声是使单个语音或乐器听起来像合唱的效果。为素材添加"变调与合声"效果后，该效果在"效果控件"面板中对应的参数如图8-14所示。

图8-14

"变调与合声"效果常用参数介绍如下。

● 语音分离时间：分离各语音的时间，以毫秒为单位。每个语音都是原始声音的延迟版本。对于变调效果，使用6或更低的值；对于合声效果，使用更高的值。
● 语音：用于设置合声的数量。
● 调制速率：用于调制循环的速率，以赫兹为单位。
● 调制深度：用于调整调制的深度百分比。
● 语音相变：用于设置每个后续语音之间的调制相位差，以度为单位。
● 反转相位：勾选该复选框后，可对相位进行反转。
● 立体声：勾选该复选框，可设置为立体声效果。
● 干输出：设置原音输出比例值。
● 湿输出：设置效果音输出比例值。

8.2.6 延迟

"延迟"效果可以在某个时间之后重复音频效果，常用于模拟声音从某表面（如墙壁）弹回的声音。为素材添加"延迟"效果后，该效果在"效果控件"面板中对应的参数如图8-15所示。

图8-15

"延迟"效果常用参数介绍如下。

- 延迟时间（毫秒）：设置原始声音及其回音之间的时间，以毫秒为单位。
- 延迟量：设置音频延迟的程度。
- 反馈：设置后续回音反馈到延迟线的回音量。
- 干输出：设置原音输出比例值。
- 湿输出：设置效果音输出比例值。

8.2.7　混响

混响效果用于模拟声音在不同环境中的反射和回响。当声音在现实世界中传播时，会在墙壁、天花板、地板等物体上发生反射，并在空间中回响。混响效果通过添加这种回响，可以使音频听起来更加自然和立体。为素材添加"混响"效果后，该效果在"效果控件"面板中对应的参数如图8-16所示。

图8-16

"混响"效果常用参数介绍如下。

- 混响时间（毫秒）：用于设置原始音频和混响音频之间的平均时间，以毫秒为单位。
- 扩散：用于设置扩散量，值越大越有远离的效果。
- 衰减：用于设置效果消失过程的时间，值越大产生的空间效果越大。
- 亮度：用于指定留存的原始音频中的细节量。亮度值越大，模拟的室内反射声音效果越大。
- 干输出：设置原音输出比例值。
- 湿输出：设置效果音输出比例值。

8.2.8　立体声混合器

"立体声混合器"效果可用于混合音频的左右通道，并将完整的信号从一个通道平移到另一个通道。为素材添加"立体声混合器"效果后，该效果在"效果控件"面板中对应的参数如图8-17所示。

"立体声混合器"效果常用参数介绍如下。

- 左声道级别：用于设置左声道的音量大小。

图8-17

- 右声道级别：用于设置右声道的音量大小。
- 向左平移：用于设置左声道的相位平移程度。
- 向右平移：用于设置右声道的相位平移程度。
- 反转相位：勾选该复选框，可以反转左右声道的状态，以防止两种相同频率的音频互相掩盖。

8.2.9　音调

"音调"效果可用于模拟简单合音，例如潜水艇低沉的隆隆声、背景中的电话铃声、汽笛或激光波声音。为素材添加"音调"效果后，该效果在"效果控件"面板中对应的参数如图8-18所示。

图8-18

"音调"效果常用参数介绍如下。

- 波形选项：可设置波形形状为"正弦""三角形""锯子"或"正方形"。其中，"正弦"波可产生最纯的音调；"正方形"波可产生最扭曲的音调；"三角形"波具有"正弦"波和"正方形"波的元素，但更接近于"正弦"波；"锯子"波具有"正弦"波和"正方形"波的元素，但更接近于"正方形"波。
- 频率1/2/3/4/5：用于分别设置五个音调的频率点，当频率点为0时则关闭该频率。
- 级别：用于调整此效果实例中所有音调的振幅，要避免剪切和爆音。如果预览时出现警告声，说明级别设置过高，请使用不超过以下范围的级别值：100除以使用的频率数。例如，如果用完5个频率，则指定20%。

8.2.10　高通 / 低通

"高通/低通"效果可以滤除高于或低于一个频率的声音，还可以单独输出高音和低音。为素材添加"高通/低通"效果后，该效果在"效果控件"面板中对应的参数如图8-19所示。

图8-19

"高通/低通"效果常用参数介绍如下。

- 滤镜选项：设置应用"高通"滤波器或"低通"滤波器。
- 屏蔽频率：用于消除频率，屏蔽频率以下（高通）或以上（低通）的所有频率都将被移除。

- 干输出：设置原音输出比例值。
- 湿输出：设置效果音输出比例值。

8.2.11　实战——制作立体声特效

扫码看教学视频

使用立体声混合器来制作一种身临其境的音频效果。下面介绍在After Effects 2023中制作立体声特效的方法。

01 启动After Effects 2023软件，按快捷键Ctrl+O，打开相关素材中的"立体声特效.aep"项目文件，打开项目文件后，"时间轴"面板如图8-20所示。

图8-20

02 在"效果和预设"中搜索"立体声混合器"，拖至"背景音乐.wav"图层上，如图8-21所示。

图8-21

03 在"效果控件"面板中对"左声道级别"和"右声道级别"分别创建关键帧，如图8-22所示。

图8-22

04 在"时间轴"面板中，选中"背景音乐.wav"图层，按U键展开全部关键帧，在0:00:00:00时设置关键帧，参数如图8-23所示。

05 在0:00:05:00时设置关键帧，参数如图8-24所示。至此立体声特效制作完成。

图8-23

图8-24

8.3
综合实战——可视化音频特效

音频可视化处理是以视觉为核心，以音乐为载体的一种视听结合效果。下面介绍在After Effects 2023中制作可视化音频特效的方法。

扫码看教学视频

01 启动After Effects 2023软件，按快捷键Ctrl+O，打开相关素材中的"可视化音频.aep"项目文件，打开项目文件后，"时间轴"面板如图8-25所示。

图8-25

02 在"效果和预设"中搜索"音频频谱"，拖至"可视化"图层上，在"效果控件"面板中将"音频频谱"效果与"背景音乐.wav"进行链接，如图8-26所示。

图8-26

03 完成上述操作后，在"合成"窗口中可以预览相应的画面效果，如图8-27所示。

图8-27

04 为了让视觉效果更加优化，继续在"效果控件"面板中对"音频频谱"效果的参数进行调整，如图8-28所示。

图8-28

05 完成全部操作后，在"合成"窗口中可以预览视频效果，如图8-29所示。

图8-29

8.4
本章小结

本章学习了影视项目制作中声音的导入方法，并对After Effects 2023中的一些音频效果进行了详细介绍。结合所学，并通过实战案例，可以进一步掌握效果与音频素材的结合应用，使画面和背景音乐完美地融为一体，以此来增强视频画面的表现力和感染力。

第 9 章
三维空间效果

在影视后期制作中，为了让视觉效果更加丰富，需要结合三维空间创建一些立体的视觉效果。三维空间中的合成对象为用户提供了更为广阔的想象空间，同时也让影视特效制作更加丰富多彩。掌握After Effects中的三维空间效果应用，可以帮助用户制作出更多震撼和绚丽的画面效果。

本章重点

◎ 转换三维层　　　　　　　　◎ 三维层的材质属性
◎ 摄像机的创建及应用　　　　◎ 灯光的创建及应用

9.1
三维层

在After Effects 2023中，将2D层转换为3D层后，属性中将增加一个Z轴，同时每个层还会增加一个"材质选项"属性，通过该属性可以调节三维层与灯光的关系。After Effects 2023提供的三维层虽然不能像专业的三维软件那样具有建模功能，但是在After Effects的三维空间中，层之间同样可以利用三维景深来产生遮挡效果，并且三维层自身也具备接收和投射阴影的功能，因此After Effects也可以通过摄像机的功能来制作各种透视、景深、运动模糊等效果。

9.1.1　认识三维空间

三维空间在日常生活中可指长、宽、高三个维度所构成的空间。由一个方向确立的直线模式是一维空间，如图9-1所示。一维空间具有单向性，由X轴向两头无限延伸而确立。

图9-1

由两个方向确立的平面模式是二维空间，如图9-2和图9-3所示。二维空间具有双向性，由X、Y轴两向交错构成一个平面，由双向无限延伸而确立。

图9-2

图9-3

三维空间呈立体性，具有三向性，三维空间的物体除了X、Y轴向，还有一个纵深的Z轴，如图9-4和图9-5所示，这是三维空间与二维平面的区别之处，由三向无限延伸而确立。

图9-4

图9-5

9.1.2 三维层概述

在After Effects 2023中，除了音频素材层，其他性质的层都可以转换为三维层，这个过程就是将2D层转换为3D层。在3D层中，对素材层应用的滤镜或遮罩都是基于该素材层的2D空间，例如对2D层使用扭曲效果，素材层发生了扭曲现象，但是在将该素材层转换为3D层后，会发现该素材层仍然是二维的，对三维空间没有任何影响。

在After Effects 2023的三维坐标系中，最原始的坐标系统的起点是在左上角，X轴从左至右不断增加，Y轴从上到下不断增加，而Z轴则从近到远不断增加，这与其他三维软件中的坐标系统有比较大的差别。

9.1.3 转换三维层

要将二维层转换为三维层，可以直接在"时间轴"面板中单击素材层右侧的"3D图层"按钮（未单击前为▉状态），如图9-6所示。此外。还可以选中2D层，执行"图层"|"3D图层"命令来实现转换，如图9-7所示。

图9-6

图9-7

此外，也可以在"时间轴"面板中选择2D层，右击，在弹出的快捷菜单中执行"3D图层"命令，如图9-8所示。

图9-8

将2D层转换为3D层后，3D层会增加一个Z轴属性和"材质选项"属性，如图9-9所示。如果关闭了素材层的"3D图层"开关 ⬚，增加的属性也会随之消失。

图9-9

> 提示：如果将3D层转换为2D层，那么该素材层对应的3D属性也会随之消失，并且所有3D参数、关键帧和表达式也都将被移除，而重新将2D层转换为3D层后，这些参数设置也不能被找回，因此在将3D层转换为2D层时一定要特别谨慎。

9.1.4 三维坐标系统

在操作三维对象时，需要根据轴向来对物体进行定位。在After Effects 2023的工具栏中，有三种定位三维对象坐标的工具，分别是本地轴模式▨、世界轴模式▨、视图轴模式▨，如图9-10所示。

图9-10

1. 本地轴模式

本地轴模式是采用对象自身的表面来作为对齐的依据，这对于当前选择对象与世界轴模式不一致时特别有用，用户可以通过调节本地轴模式的轴向来对齐世界轴模式。

2. 世界轴模式

世界轴模式对齐于合成空间中的绝对坐标系，无论如何旋转3D层，其坐标轴始终对齐于三维空间的三维坐标系，X轴始终沿着水平方向延伸，Y轴始终沿着垂直方向延伸，Z轴则始终沿着纵深方向延伸。

3. 视图轴模式

视图轴模式对齐于用户进行观察的视图轴向，例如在一个自定义视图中对一个三维层进行旋转操作，并且在后面还继续对该层进行各种变换操作，但是最终结果是它的轴向仍然垂直于对应的视图。

对于摄像机视图和自定义视图，由于它们同属于透视图，所以即使Z轴是垂直于屏幕平面，还是可以观察到Z轴；对于正交视图而言，由于它们没有透视关系，所以在这些视图中只能观察到X和Y两个轴向。

9.1.5 移动三维层

在三维空间中移动三维层、将对象放置于三维空间的指定位置，或是在三维空间中为素材层制作空间位移动画时，需要对三维层进行移动操作。移动三维层的方法有以下两种。

● 在"时间轴"面板中对三维层的"位置"参数进行调节，如图9-11所示。

图9-11

● 在"合成"窗口中，使用"选取工具"直

接在三维层的轴向上移动三维层，如图9-12所示。

图9-12

9.1.6 旋转三维层

在"时间轴"面板选中素材层，按R键可以显示三维层的"旋转"属性，此时可以观察到三维层的可操作"旋转"参数包含4个，分别是"方向"和"X/Y/Z轴旋转"，而二维层只有一个"旋转"属性，如图9-13所示。

图9-13

在三维层中，可以通过改变方向值或旋转值来实现三维层的旋转，这两种旋转方法都是将层的轴心点作为基点来旋转层，它们的区别主要在于制作动画过程中的处理方式不同。旋转三维层的方法主要有以下两种。

● 在"时间轴"面板中直接对三维层的"方向"或"X/Y/Z轴旋转"参数进行调节。

● 在"合成"窗口中，使用"旋转工具"对三维层进行旋转。

9.1.7 三维层的材质属性

将二维层转换为三维层后，该素材层除了会新增加第3个维度属性，还会增加一个"材质选项"属性，如图9-14所示，该属性主要用来设置三维层如何影响灯光系统。

图9-14

"材质选项"属性中各参数介绍如下。

- 投影：该选项用来决定三维图层是否投射阴影，包括"关""开""仅"三个选项，其中"仅"选项表示三维层只投射阴影。
- 透光率：设置物体接收光照后的透光程度，这个属性可以用来体现半透明物体在灯光下的照射情况，其效果主要体现在阴影上（物体的阴影会受到物体自身颜色的影响）。当"透光率"设置为0%时，物体的阴影颜色不受物体自身颜色的影响；当"透光率"设置为100%时，物体的阴影受物体自身颜色的影响最大。
- 接受阴影：设置物体是否接受其他物体的阴影投射效果，包括"开"和"关"两种模式。
- 接受灯光：设置物体是否接受灯光的影响。设置"开"模式时，表示物体接受灯光的影响，物体的受光面会受到灯光照射角度或强度的影响；设置为"关"模式时，表示物体表面不受灯光照射的影响，物体只显示自身的材质。
- 环境：设置物体受环境光影响的程度，该属性只有在三维空间中存在环境光时才产生作用。
- 漫射：调整灯光漫反射的程度，主要用来突出物体颜色的亮度。
- 镜面强度：调整素材层镜面反射的强度。
- 镜面反光度：设置素材层镜面反射的区域，值越小，镜面反射的区域越大。
- 金属质感：调节镜面反射光的颜色，值越接近100%，效果就越接近物体的材质；值越接近0%，效果就越接近灯光的颜色。

9.2 三维摄像机

创建三维摄像机，可以透过摄像机视图以任意距离和角度来观察三维层的效果。使用After Effects 2023的三维摄像机不需要为了观看场景的转动效果而去旋转场景，只需要让三维摄像机围绕场景进行拍摄即可。

> 提示：为了匹配使用真实摄像机拍摄的影片素材，可以将After Effects的三维摄像机属性设置成真实摄像机的属性，通过对三维摄像机进行设置可以模拟出真实摄像机的景深模糊，以及推、拉、摇、移等效果。需要注意的是，三维摄像机仅对三维层及二维层中使用摄像机属性的滤镜起作用。

9.2.1 创建摄像机

创建三维摄像机的方法非常简单，执行"图层"|"新建"|"摄像机"命令，或按快捷键Ctrl+Alt+Shift+C即可。After Effects 2023中的摄像机是以层的方式引入到合成中的，这样可以在同一个合成项目中对同一场景使用多台摄像机来进行观察，如图9-15所示。

图9-15

如果要使用多台摄像机进行多视角展示，可以在同一个合成中添加多个摄像机层来完成。如果在场景中使用了多台摄像机，此时应该在"合成"面板中将当前视图设置为"活动摄像机"视图。"活动摄像机"视图显示的是当前"时间轴"面板中素材层堆栈中最上面的摄像机，在对合成进行最终渲染或对素材层进行嵌套时，使用的就是"活动摄像机"视图。

9.2.2 三维摄像机的属性设置

执行"图层"|"新建"|"摄像机"命令，打开"摄像机设置"对话框，如图9-16所示，在该对话框中可以设置摄像机观察三维空间的方式等属性。创建摄像机后，在"时间轴"面板中双击摄像机属性层，或者选中摄像机属性层，按快捷键Ctrl+Alt+Shift+C可以重新打开"摄像机设置"对话框，这样用户就可以对已经创建好的摄像机进行重新设置。

图9-16

"摄像机设置"对话框中的各参数介绍如下。

- 名称：设置摄像机的名字。
- 预设：设置摄像机的镜头类型，其中包含9种常用的摄像机镜头，如15mm的广角镜头、35mm的标准镜头和200mm的长焦镜头等。
- 单位：设定摄像机参数的单位，包括"像素""英寸"和"毫米"三个选项。
- 量度胶片大小：设置衡量胶片尺寸的方式，包括"水平""垂直"和"对角"三个选项。
- 缩放：设置摄像机镜头到焦平面，即被拍摄对象之间的距离。缩放值越大，摄像机的视野越小，对于新建的摄像机，其Z位置的值相当于缩放值的负数。
- 视角：设置摄像机的视角，可以理解为摄像机的实际拍摄范围，"焦距""胶片大小"及"缩放"这三个参数共同决定了视角的数值。
- 胶片大小：设置影片的曝光尺寸，该选项与合成大小参数值相关。
- 焦距：设置镜头与胶片的距离。在After Effects 2023中，摄像机的位置就是摄像机镜头的中

央位置，修改"焦距"值会导致"缩放"值跟着一起变化，以匹配现实中的透视效果。

- 启用景深：控制是否启用景深效果。

提示：根据几何学原理可以得知，调整"焦距""缩放"和"视角"中的任意一个参数，其他两个参数都会按比例改变，因为在一般情况下，同一台摄像机的"胶片大小"和"合成大小"这两个参数值是不会改变的。

9.2.3 设置动感摄像机

在使用真实摄像机拍摄场景时，经常会使用到一些运动镜头使画面产生动感，常见的镜头运动效果包含推、拉、摇和移4种。

1. 推镜头

推镜头就是让画面中的对象变小，从而达到突出主体的目的，在After Effects 2023中实现推镜头的方法有以下两种。

- 通过改变摄像机的位置，即通过摄像机属性层的Z位置属性来向前推摄像机，从而使视

图中的主体变大。在开启景深效果时，使用这种模式会比较麻烦，因为当摄像机以固定视角往前移动时，摄像机的焦距是不会发生改变的，而当主体物体不在摄像机的焦距范围之内时，物体就会产生模糊效果。通过改变摄像机位置的方式可以创建出主体进入焦点距离的效果，也可以产生突出主体的效果，使用这种方式来推镜头，可以使主体和背景的透视关系不发生变化。

● 保持摄像机的位置不变，改变"缩放"值来实现推镜头的目的。使用这种方法来推镜头，可以在推的过程中让主体和焦距的相对位置保持不变，并可以让镜头在运动的过程中保持主体的景深模糊效果不变。使用该方法推镜头有一个缺点，就是在整个推的过程中，画面的透视关系会发生变化。

2. 拉镜头

拉镜头就是使摄像机画面中的物体变大，主要是为了体现主体所处的环境。拉镜头也有移动摄像机位置和摄像机变焦两种方法，其操作过程正好与推镜头相反。

3. 摇镜头

摇镜头就是保持主体物体、摄像机的位置以及视角都不变，通过改变镜头拍摄的轴线方向来摇动画面。在After Effects 2023中，可以先定位好摄像机的位置不变，然后通过改变目标点来模拟摇镜头效果。

4. 移镜头

移镜头能够较好地展示环境和人物，常用的拍摄手法有水平方向的横移、垂直方向的升降和沿弧线方向的环移等。在After Effects 2023中，移镜头可以使用摄像机移动工具来完成，移动起来非常方便。

9.3
灯光

在After Effects 2023中，结合三维层的材质属性，可以使用灯光影响三维层的表面颜色，同时也可以为三维层创建阴影效果。除了投射阴影属性，其他属性同样可以用来制作动画。After Effects 2023中的灯光虽然可以像现实灯光一样投射阴影，却不能像现实中的灯光一样产生眩光或画面曝光过度的效果。

在三维灯光中，可以设置灯光的亮度和灯光颜色等，但是这些参数都不能产生实际拍摄中曝光过度的效果。要制作曝光过度的效果，可以使用颜色校正滤镜包中的"曝光度"滤镜来完成。

9.3.1 创建灯光

执行"图层"|"新建"|"灯光"命令，或按快捷键Ctrl+Alt+Shift+L可以在项目中创建一盏灯光。这里创建的灯光也是以层的方式引入到合成中的，所以可以在同一个合成场景中使用多个灯光层，从而产生特殊的光照效果。

9.3.2 灯光设置

执行"图层"|"新建"|"灯光"命令，或按快捷键Ctrl+Alt+Shift+L，将打开"灯光设置"对话框，如图9-17所示，在该对话框中可以对"灯光类型""强度""锥形角度"和"锥形羽化"等参数进行设置。

图9-17

"灯光设置"对话框中的各参数介绍如下。

● 名称：设置灯光的名字。

● 灯光类型：设置灯光的类型，包括"平行""聚光""点"和"环境"4种类型。

● 平行：类似于太阳光，具有方向性，并且不受灯光距离的限制，也就是光照范围可以是无穷大，场景中的任何被照射的物体都能产生均匀的光照效果，但是只能产生尖锐的投影，如图9-18所示。

图9-18

● 聚光：可以产生类似于舞台聚光灯的光照效果，从光源处产生一个圆锥形的照射范围，从而形成光照区和无光区，如图9-19所示。

图9-19

● 点：类似于没有灯罩的灯泡的照射效果，其光线以360°的全角范围向四周照射出来，并且会随着光源和照射对象距离的增大而发生衰减现象。虽然点光源不能产生无光区，但是也可以产生柔和的阴影效果，如图9-20所示。

图9-20

● 环境：环境光没有灯光发射点，也没有方向性，不能产生投影效果，不过可以调整整个画面的亮度，主要和三维层材质属性中的环境光属性一起配合使用，以影响环境的主色调，如图9-21所示。

图9-21

● 颜色：设置灯光的颜色。
● 强度：设置灯光的光照强度，数值越大，光照越强。
● 锥形角度：聚光灯特有的属性，主要用来设置聚光灯的光照范围。
● 锥形羽化：聚光灯特有的属性，与"锥形角度"参数一起配合使用，主要用来调节光照区与无光区边缘的柔和度。如果锥形羽化参数为0，光照区和无光区之间将产生尖锐的边缘，没有任何过渡效果；反之，"锥形羽化"参数值越大，边缘的过渡效果就越柔和。
● 投影：控制灯光是否投射阴影。该属性必须在三维层的材质属性中开启"投射阴影"选项才能起作用。
● 阴影深度：设置阴影的投射深度，也就是阴影的黑暗程度。
● 阴影扩散：设置阴影的扩散程度，值越高，阴影的边缘越柔和。

9.3.3　渲染灯光阴影

在After Effects 2023中，所有的合成渲染都是通过Advanced 3D渲染器来进行的。Advanced 3D渲染器在渲染灯光阴影时，采用的是阴影贴图渲染方式。在一般情况下，系统会自动计算阴影的分辨率（根据不同合成的参数设置而定），但是在实际工作中，有时渲染出来的阴影效果并不能达到预期的要求，这时就可以通过自定义阴影的分辨率来提高阴影的渲染质量。

如果要设置阴影的分辨率，可以执行"合成"|"合成设置"命令，然后在弹出的"合成设置"对话框中单击3D渲染器，接着单击选项按钮，最后在弹出的"经典的3D渲染器选项"对话框中选择合适的"阴影图分辨率"即可，如图9-22所示。

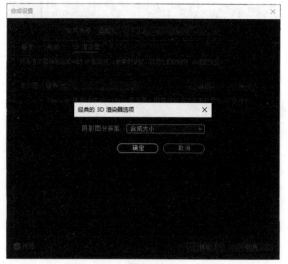

图9-22

9.3.4 移动摄像机与灯光

在After Effects 2023的三维空间中，用户不仅可以利用摄像机的缩放属性推拉镜头，还可以利用摄像机的位置和目标点属性为摄像机制作位移动画。

1. 位置和目标点

对于摄像机和灯光层，可以通过调节它们的位置和目标点来设置摄像机的拍摄内容，以及灯光的照射方向和范围。在移动摄像机和灯光时，除了可以直接调节参数以及移动其坐标轴，还可以通过直接拖动摄像机或灯光的图标来自由移动它们的位置。

灯光和摄像机的目标点主要起到定位摄像机和灯光方向的作用。在默认情况下，目标点的位置在合成的中央，可以使用与调节摄像机和灯光位置的方法来调节目标点的位置。

在使用选择工具移动摄像机或灯光的坐标轴时，摄像机的目标点也会跟着发生移动，如果只想让摄像机和灯光的位置属性发生改变，而保持目标点位置不变，这时可以使用选择工具选择相应坐标轴的同时按住Ctrl键，即可对位置属性进行单独调整。还可以在按住Ctrl键的同时，直接使用"选取工具"移动摄像机和灯光，这样可以保持目标点的位置不变。

2. 摄像机移动工具

在工具栏中提供了4个移动摄像机的工具，通过这些工具可以调整摄像机的视图，但是摄像机移动工具只在合成中存有三维层和三维摄像机时才能

起作用，如图9-23所示。

图9-23

摄像机移动工具介绍如下。

- 工具栏同时显示三个摄像机工具：分别轨道控件、平移控件、推拉控件。
- 轨道控件：绕光标旋转工具：以单击点作为摄像机旋转的轴心。
- 绕场景旋转工具：以合成的中心作为摄像机旋转的轴心。
- 绕相机信息点旋转：以双节点摄像机的目标点作为摄像机旋转的轴心，如图9-24所示。

图9-24

- 平移控件：在光标下移动工具：摄像机相当在单击点的位置开始平移，光标位置离摄像机远时，平移速度相对较快，近则相对较慢。
- 平移摄像机POI工具：摄像机相对于目标点的当前位置开始平移，如图9-25所示。

图9-25

- 推拉控件：向光标方向推拉镜头工具：向单击点位置推进摄像机，向目标点初始位置回拉摄像机，从而可回到推拉前的视角中心。
- 推拉至光标工具：向单击点位置进行推拉。
- 推拉至摄像机POI工具：向着目标点位置进行推拉，如图9-26所示。

图9-26

3. 自动定向

在二维层中，使用层的"自动定向"功能可以使层在运动过程中始终保持运动的定向路径。在三维层中使用"自动定向"功能，不仅可以使三维层在运动过程中保持运动的定向路径，而且可以使三维层在运动过程中始终朝向摄像机。

在三维层中设置"自动定向"功能的具体方法：选中需要进行自动定向设置的三维层，为其执行"图层"|"变换"|"自动定向"命令（或按快捷键Ctrl+Alt+O），然后在弹出的"自动方向"对

话框中选中"定向到目标点"单选按钮，就可以使三维层在运动的过程中始终朝向摄像机，如图9-27所示。

图9-27

"自动方向"对话框中各参数介绍如下。

- 关：不使用"自动定向"功能。
- 沿路径定向：设置三维层自动定向于运动的路径。
- 定向到目标点：设置三维层自动定向于摄像机或灯光的目标点，不选中该单选按钮，摄像机则变成自由摄像机。

9.4 综合实战——制作3D游戏机

本实例主要介绍摄影机和C4D渲染器综合运用的方法。通过本实例的学习，读者可以掌握三维动画的制作方法。首先，需要创建一些形状图层，将其转换成三维立体效果，并为其凸起深度，具体操作如下。

扫码看教学视频

01 启动After Effects 2023软件，按快捷键Ctrl+O，打开相关素材中的"添加预设特效.aep"项目文件。打开项目文件后，可在"合成"窗口中预览当前画面效果，如图9-28所示。在"项目"面板中选中"合成"项目并右击，在弹出的快捷菜单中选择"合成设置"选项，将"渲染器"改为"Cinema 4D"，如图9-29所示。

图9-28

图9-29

02 在"时间轴"面板中打开所有图层的"3D图层"开关，如图9-30所示，在"合成"面板中，将视角改为"左侧"，如图9-31所示。

图9-30

图9-31

03 选中"形状图层 1"图层，展开，在"几何选项"中设置"凸出深度"，如图9-32所示，对"形状图层 2"和"形状图层 3"图层进行相同处理，最终效果如图9-33所示。

04 展开"形状图层 4"图层，在"变换"中将"位置"参数设置为（960，540，-25），在"几何变换"中将"凸出深度"设置为25，最终效果如图9-34所示。将视角切换回"正面"，如图9-35所示。

图9-32

图9-33

图9-34

图9-35

05 在"时间轴"面板中右击,在弹出的快捷菜单中执行"新建"|"空对象"命令,如图9-36所示,单击"空 1"图层的"3D图层"开关,将"空 1"图层移动至模型正中间,参数如图9-37所示。选中全部形状图层,链接至空对象。

图9-36

图9-37

06 选中"空 1"图层,按R键打开"旋转"开关,如图9-38所示。在0:00:00:00 时创建"方向"关键帧,参数如图9-39所示。

07 在0:00:05:00时创建关键帧,参数如图9-40所示。展开"形状图层 4"图层,执行"添加"|"边线"|"颜色"命令,如图9-41所示。

图9-38

图9-39

图9-40

图9-41

08 在"内容"栏下"椭圆 11"的"材质选项"中将"侧面颜色"设置成灰色（#545656），如图9-42所

示。完成设置后，将其复制给"形状图层 4"图层下的每一个内容，最终效果如图9-43所示。

图9-42

图9-43

09 在"时间轴"面板中，选中全部图层，右击重命名为"预合成1"，参数如图9-44所示。在"效果和预设"中搜索"卡通"，拖至"预合成 1"图层上，参数如图9-45所示。

10 最终效果如图9-46和图9-47所示（如果最终旋转角度不同，则步骤（05）链接空对象时空对象已经旋转，并不影响最终展示效果）。

图9-44

图9-45

图9-47

图9-46

9.5 本章小结

本章主要学习了After Effects 2023中三维空间效果的处理技术，其中包括三维层和二维层属性讲解、三维灯光与摄像机的创建及应用。After Effects 2023中的三维层应用是传统二维层效果的突破，同时也是平面视觉艺术的突破，熟练掌握三维层的处理技术，可以帮助人家制作出更立体、更逼真的影视效果。

第10章
视频的渲染与输出

在After Effects中完成视频的制作后，需要按照所需格式进行渲染输出，以制作成电影成品。渲染及输出的时间长度与影片的长度、内容的复杂度、画面的大小等方面有关，不同的影片所需的输出时长也有所不同。本章将讲解影片的渲染与输出的相关操作。

本章重点

◎ 数字视频的压缩　　　　　　　　　◎ 设置渲染工作区
◎ 设置渲染队列窗口　　　　　　　　◎ 设置渲染模板

10.1
数字视频的压缩

在正式开始学习视频压缩操作前，先来介绍压缩的类别和压缩的方式，以及常见的图像、视频和音频的格式。

10.1.1　压缩的类别

视频压缩是视频输出工作中不可缺少的一部分。由于计算机硬件和网络传输速率的限制，在存储或传输视频时会出现文件过大的情况，为了避免这种情况，在输出文件时会选择合适的方式对文件进行压缩。压缩就是将视频文件的数据信息通过特殊的方式进行重组或删除，以减小文件大小的过程。一般压缩可以分为以下4种。

● 软件压缩：通过计算机安装的压缩软件来压缩，这是使用较为普遍的一种压缩方式。

● 硬件压缩：通过安装一些配套的硬件压缩卡来完成，它具有比软件压缩更高的效率，但成本较高。

● 有损压缩：在压缩的过程中，为了使文件占有更小的空间，将素材进行压缩，会丢失一部分数据或画面色彩。这种压缩可以得到更小的压缩文件，但会牺牲更多的文件信息。

● 无损压缩：与有损压缩相反，在压缩过程中不会丢失数据，但压缩的程度一般较小。

10.1.2　常见图像格式

图像格式是指计算机表示、存储图像信息的格式。同一幅图像可以使用不同的格式来存储，不同的格式之间所包含的图像信息并不完全相同，文件大小也有很大的差别，用户在使用时可以根据自己的需要选用适当的格式。After Effects 2023支持多种图像格式，下面介绍几种常用格式。

● PSD格式：Photoshop Document格式是图像处理软件Photoshop的专用格式，简称PSD。PSD其实是Photoshop进行平面设计的一张草图，其中包含了图层、通道和透明度等多种设计的样稿，以便于下次打开时可以修改上一次的设计。在Photoshop支持的各种图像格式中，PSD的存储速度比其他格式快很多，功能也非常强大。

● BMP格式：该格式是标准的Windows及OS/2的图像文件格式，是英文Bitmap（位图）的缩写，Microsoft的BMP格式是专门为"画笔"和"画图"程序建立的。这种格式支持1~24位颜色深度，使用的颜色模式有RGB、索引颜色、灰度和位图等，且与设备无关。因为这种格式的特点是包含图像信息较丰富，几乎不对图像进行压缩，所以它占用的磁盘空间较大。

● GIF格式：这种格式是由CompuServe提供的一种图像格式。由于GIF格式可以使用LZW方式进行压缩，所以它被广泛应用于通信领域和HTML网页文档中。该格式只支持8位图像文件，当选用该格式保存文件时，会自动转换成索引颜色模式。

- JPEG格式：该格式是一种带压缩的文件格式，其压缩率是目前各种图像文件格式中最高的。但是，JPEG在压缩时存在一定程度的失真，因此在制作印刷制品时最好不要用这种格式。JPEG格式支持RGB、CMYK和灰度颜色模式，但不支持Alpha通道。
- TIFF格式：该格式是Aldus公司专门为苹果计算机设计的一种图像文件格式，可以跨平台操作。TIFF格式的出现是为了便于应用软件之间进行图像数据的交换。TIFF格式的应用非常广泛，可以在许多图像软件之间转换，该格式支持RGB、CMYK、Lab、Indexed-颜色、位图模式和灰度色彩模式，并且在RGB、CMYK和灰度三种颜色模式中还支持使用Alpha通道。TIFF格式独立于操作系统和文件，它对PC机和Mac机一视同仁，大多数扫描仪都输出TIFF格式的图像文件。
- PNG格式：PNG（Portable Network Graphics），便携式网络图形，是一种采用无损压缩算法的位图格式，支持索引、灰度、RGB三种颜色方案以及Alpha通道等特性。其设计目的是试图替代GIF和TIFF文件格式，同时增加一些GIF文件格式所不具备的特性。PNG使用从LZ77派生的无损数据压缩算法，一般应用于JAVA程序、网页或S60程序中，原因是它压缩比高，生成文件体积小。PNG文件的扩展名为.png。

10.1.3 常用视频格式

- AVI格式：该格式是Video for Windows的视频文件的存储格式，它播放的视频文件的分辨率不高，帧频率小于25帧/秒（PAL制）或者30帧/秒（NTSC）。
- MOV：MOV原本是苹果公司开发的专用视频格式，后来移植到PC机上使用，与AVI一样属于网络上的视频格式之一。
- MPG：它是压缩视频的基本格式，其压缩方法是将视频信号分段取样，然后忽略相邻各帧不变的画面，只记录变化了的内容，因此其压缩比很大。
- MP4：是一套用于音频、视频信息的压缩编

码标准，对于不同的对象可采用不同的编码算法，从而进一步提高压缩效率，对象各自相对独立，提高了多媒体数据的可重用性。可以方便地集成自然音视频对象和合成音视频对象。

10.1.4 常用音频格式

- MP3格式：该格式是如今比较主流的音频格式之一，它是将WAV文件以MPEG2的多媒体标准进行压缩，压缩后的体积只有原来的1/10甚至1/15，而音质能基本保持不变。
- WAV格式：该格式是Windows记录声音所用的文件格式。
- MID格式：这种文件又叫MIDI文件，它们的体积都很小，一首十多分钟的音乐只有几十KB。
- RA格式：该格式的压缩比大于MP3，而且音质较好，可用RealPlay播放RA文件。

10.2 设置渲染工作区

制作完成一部影片，最终需要将其渲染，而有些渲染的影片并不一定是整个工作区的影片，有时只需要渲染出其中的一部分。这就需要对渲染工作区进行设置。

渲染工作区位于"时间轴"面板中，由"工作区域开头"和"工作区域结尾"两点控制渲染区域，如图10-1所示。

图10-1

10.2.1 手动调整渲染工作区

手动调整渲染工作区的操作方法很简单，只需要将开始和结束工作区的位置进行调整，就可以改变渲染工作区。在"时间轴"面板中，将光标放置在"工作区域开头"位置，当光标变为双箭头↔状态时，按住鼠标左键向左或向右拖动，即可修改开始工作区的位置，如图10-2所示。

图10-2

将光标放置在"工作区域结尾"位置，当光标变为双箭头 ↔ 状态时，按住鼠标左键向左或向右拖动，即可修改结束工作区的位置，如图10-3所示。调整完成后，渲染工作区即被修改，这样在渲染时，就可以通过设置渲染工作区来渲染工作区内的动画。

图10-3

提示：在手动调整开始和结束工作区时，要想精确地控制开始或结束工作区的时间位置，可以先将时间设置到需要的位置，即将时间滑块调整到相应的位置，然后在按住Shift键的同时拖动开始或结束工作区，可以以吸附的形式将其调整到时间滑块位置。

10.2.2 快捷键调整渲染工作区

除手动调整渲染工作区，还可以利用快捷键来调整渲染工作区。在"时间轴"面板中，拖动时间滑块到所需时间点，确定开始工作区时间位置，然后按B键，即可将开始工作区调整到当前位置。

在"时间轴"面板中，拖动时间滑块到所需时间点，确定结束工作区时间位置，然后按N键，即可将结束工作区调整到当前位置。

提示：在利用快捷键调整工作区时，要想精确地控制开始或结束工作区的时间帧位置，可以在时间编码位置单击，或按快捷键Alt+Shift+J，打开"转到时间"对话框，如图10-4所示，在该对话框中输入相应的时间帧位置，然后使用快捷键调整渲染工作区。

图10-4

10.3
渲染队列窗口

在After Effects 2023中，渲染影片的相关操作主要是在"渲染队列"窗口中进行的。下面介绍"渲染队列"窗口的相关功能及操作。

10.3.1 启用渲染队列窗口

要进行影片的渲染，首先要启用"渲染队列"窗口。在"项目"面板中选择某个合成文件，按快捷键Ctrl+M，即可启动"渲染队列"窗口，如图10-5所示。

图10-5

还可以在"项目"面板中选择某个合成文件，执行"合成"|"添加到渲染队列"命令，如图10-6所示，或按快捷键Ctrl+Shift+/，即可启动"渲染队列"窗口。

图10-6

系统渲染时会提示渲染的时长，如图10-7所示。

图10-7

10.3.2　当前渲染区域

位于"渲染队列"窗口中的"当前渲染"区域显示了当前渲染的影片信息，包括渲染的名称、用时、渲染进度等信息，如图10-8所示。

图10-8

"当前渲染"区域中常用参数含义如下。

- "正在渲染1/1"：显示当前渲染的影片名称。
- "已用时间"：显示渲染影片已经使用的时间。
- "渲染"按钮 渲染 ：单击该按钮，即可进行影片的渲染。
- "暂停"按钮 暂停 ：在影片渲染过程中，单击该按钮，可以暂停渲染工作。
- "继续"按钮 继续 ：单击该按钮，可以继续渲染影片。

- "停止"按钮 停止 ：在影片渲染过程中，单击该按钮，将结束影片的渲染。
- "AME按钮" AME中的队列 ：可以渲染mp4格式，渲染速度更快，但必须先安装同版本ame软件才能运行。

展开"当前渲染"左侧的三角形按钮 ，将显示"当前渲染"的详细资料，包括正在渲染的合成名称、正在渲染的层、影片的大小、输出影片所在的磁盘位置等资料，如图10-9所示。

图10-9

"当前渲染"展开区域中各参数含义如下。

- 合成：显示当前正在渲染的合成项目名称。
- 图层：显示当前合成项目中正在渲染的层。
- 阶段：显示正在被渲染的内容，如特效、合成等。

- 上次：显示最近几秒时间。
- 差值：显示最近几秒时间中的差值。
- 平均：显示时间的平均值。
- 文件名：显示影片输出的名称及文件格式。
- 最终估计文件大小：显示估计完成影片的最终文件大小。
- 可用磁盘空间：显示当前输出影片所在磁盘的剩余空间大小。
- 溢出：显示溢出磁盘的大小。当最终文件大小大于磁盘剩余空间时，这里将显示溢出大小。
- 当前磁盘：显示当前渲染影片所在的磁盘分区位置。

10.3.3 渲染组

渲染组显示要进行渲染的合成列表，并显示渲染的合成名称、状态、渲染时间等信息，可通过参数修改渲染的相关设置，如图10-10所示。

图10-10

1. 渲染组合成项目的添加

要想进行多影片的渲染，就需要将影片添加到渲染组中，渲染组合成项目的添加有以下几种方法。

- 在"项目"面板中选择一个合成文件，然后按快捷键Ctrl+M。
- 在"项目"面板中，选择一个或多个合成文件，然后执行"合成" | "添加到渲染队列"命令。
- 在"项目"面板中，选择一个或多个合成文件，直接拖动到渲染组队列中。

2. 渲染组合成项目的删除

渲染组队列中，如果有些合成项目不再需要，此时就需要将该项目删除。删除渲染组合成项目的方法有以下两种。

- 在渲染组中，选择一个或多个要删除的合成项目，执行"编辑" | "清除"命令。
- 在渲染组中，选择一个或多个要删除的合成项目，然后按Delete键进行删除。

3. 修改渲染顺序

如果有多个渲染合成项目，系统将默认以从上往下的顺序依次渲染影片，如果想修改渲染的顺序，可以用以下方法将影片进行位置的移动。

在渲染组中，选择一个或多个合成项目，然后按住鼠标左键拖动合成到所需位置，当出现一条蓝色长线时，释放鼠标左键即可移动合成位置，如图10-11所示。

4. 渲染组标题的参数含义

渲染组标题内容丰富，包括渲染、标签、序号、合成名称和状态等，如图10-12所示。

图10-11

图10-12

对应的参数含义如下。

- 渲染：设置影片是否参与渲染。在影片没有渲染前，每个合成的前面都有一个复选框，勾选该复选框，则表示该影片参与渲染。在单击"渲染"按钮 渲染 后，影片会按照从上往下的顺序逐一渲染，没有勾选的影片则不会进行渲染。

- 标签 ：用来为影片设置不同的标签颜色。单击合成项目左侧的颜色方块，将打开如图10-13所示的标签颜色设置菜单，在其中可以自行选择所需标签颜色。

选择标签组
无
红色
黄色
浅绿色
粉色
淡紫色
桃红色
海泡沫
蓝色
绿色
紫色
橙色
棕色
紫红色
青色
砂岩
深绿色

图10-13

- 序号 ：对应渲染队列的排序。
- 合成名称：显示渲染影片的合成名称。
- 状态：显示影片的渲染状态。
- 已启动：显示影片渲染的开始时间。
- 渲染时间：显示影片已经渲染的时间。

10.3.4 所有渲染

"所有渲染"区显示了当前渲染的影片信息，包括队列的数量、内存使用量、渲染的时间和日志文件的位置等信息，如图10-14所示。

"所有渲染"区域参数含义如下。

- 消息：显示渲染影片的任务及当前渲染的影片。
- RAM（内存）：显示当前渲染影片的内存使用量。
- 渲染已开始：显示开始渲染影片的时间。
- 已用总时间：显示渲染影片已经使用的时间。

图10-14

10.4
设置渲染模板

在应用渲染队列渲染影片时，可以对渲染影片应用软件提供渲染模板，这样可以更快地渲染出需要的影片效果。

10.4.1 更改渲染模板

在渲染组中已经提供了几种常用的渲染模板，用户可以根据需要直接使用现有模板来渲染影片。

在渲染组中，展开合成文件，单击"渲染设置"右侧的▼按钮，将打开渲染设置菜单，并在展开区域中显示当前模板的相关设置，如图10-15所示。

图10-15

渲染菜单中显示了几种常用的模板，通过移动光标并单击，可以选择需要的渲染模板。下面对各模板进行详细介绍。

- 最佳设置：以最好的质量渲染当前影片。
- DV设置：以符合DV文件的设置渲染当前影片。
- 多机设置：可以在多机联合渲染时，各机分工协作进行渲染设置。
- 当前设置：使用在"合成"窗口中的参数设置。
- 草图设置：以草稿质量渲染影片，一般为了测试或观察影片的最终效果时使用。
- 自定义：自定义渲染设置，选择该项将打开"渲染设置"对话框。
- 创建模板：用户可以制作自己的模板。选择该项，可以打开"渲染设置模板"对话框。

在渲染组中展开合成文件，单击"输出模块"

右侧的▼按钮，将打开默认输出模块，可以选择不同的输出模块，如图10-16所示。

图10-16

10.4.2 渲染设置

在渲染组中，单击"渲染设置"右侧的▼按钮，打开渲染设置菜单，然后选择"自定义"选项，或直接单击▼右侧的蓝色文字，将打开"渲染设置"对话框，如图10-17所示。

图10-17

在"渲染设置"对话框中，参数的设置主要针对影片的质量、影片尺寸、磁盘缓存、音频特效、时间采样等方面，具体含义介绍如下。

- 品质：设置影片的渲染质量，包括"最佳""草图"和"线框"3个选项。
- 分辨率：设置渲染影片的分辨率，包括"完整""二分之一""三分之一""四分之一"和"自定义"5个选项。

- 大小：显示当前合成项目的尺寸大小。
- 磁盘缓存：设置是否使用缓存设置，如果选择"只读"选项，表示采用缓存设置。"磁盘缓存"可以通过执行"编辑"|"首选项"|"内存和多重处理"命令来设置。
- 代理使用：设置影片渲染的代理，包括"使用所有代理""仅使用合成代理""不使用代理"3个选项。
- 效果：设置渲染影片时是否关闭特效。
- 独奏开关：设置渲染影片时是否关闭独奏。
- 引导层：设置渲染影片时是否关闭所有辅助层。
- 颜色深度：设置渲染影片的每一个通道颜色深度为多少位色彩深度。
- 帧融合：设置帧融合开关。
- 场渲染：设置渲染影片时，是否使用场渲染，包括"关""高场优先""低场优先"3个选项。如果渲染非交错场影片，选择"关"选项；如果渲染交错场影片，则选择"高场/低场优先"渲染。
- 3：2 Pulldown（3：2折叠）：设置3：2下拉的引导相位法。
- 运动模糊：设置渲染影片时，是否启用运动模糊。

- 时间跨度：设置有效的渲染片段，包括"合成长度""仅工作区域"和"自定义"3个选项。如果选择"自定义"选项，也可以单击右侧的"自定义"按钮 自定义，将打开"自定义时间范围"对话框，在该对话框中可以设置渲染的时间范围。
- 使用合成的帧速率：使用合成影片中的帧速率，即创建影片时设置的合成帧速率。
- 使用此帧速率：可以在右侧的文本框中，输入一个新的帧速率，渲染影片将按这个新指定的帧速率进行渲染输出。
- 跳过现有文件（允许多机渲染）：在渲染影片时，只渲染丢失过的文件，不再渲染以前渲染过的文件。

10.4.3　创建渲染模板

如果现有模板无法满足项目制作需求，可以根据需要自行制作渲染模板，并将其保存起来，在以后的工作项目中可以直接进行调用。

执行"编辑"|"模板"|"渲染设置"命令，或单击"输出模块"右侧的 按钮，打开输出模块菜单，选择"创建模板"选项，打开"输出模块模板"对话框，如图10-18所示。

图10-18

在"输出模块模板"对话框中，参数的设置主要针对影片的默认影片、默认帧、模板的名称、编辑、删除等方面，具体的含义与渲染模板大致相同，这里选取其中常用的几种格式进行介绍。

- 仅Alpha：只输出Alpha通道。
- 无损：输出的影片为无损压缩。
- 使用Alpha无损耗：输出带有Alpha通道的无损压缩影片。
- AVI DV NTSC 48kHz（微软48位NTSC制DV）：输出微软48kHz的NTSC制式DV影片。

- AVI DV PAL 48kHz（微软48位PAL制式DV）：输出微软48kHz的PAL制式DV影片。
- 多机序列：在多机联合的状态下输出多机序列文件。
- Photoshop（Photoshop序列）：输出Photoshop的PSD格式序列文件。

10.5 综合实战——输出不同格式影片

After Effects 2023中提供了多种输出方式，通过不同的设置，用户可以快速输出需要的影片。本例介绍后期常用的MP4视频格式的输出方法。

扫码看教学视频

01 启动After Effects 2023软件，按快捷键Ctrl+O，打开相关素材中的"输出不同格式影片.aep"项目文件。打开项目文件后，可在"合成"窗口中预览当前画面效果，如图10-19所示。

图10-19

02 执行"文件"|"导出"|"添加到渲染队列"命令，或按快捷键Ctrl+M，将"三峡"合成项目添加到"渲染队列"窗口，如图10-20所示。

图10-20

03 在"渲染队列"窗口中，单击"渲染设置"右

侧的蓝色文字，打开"渲染设置"面板，参数如图10-21所示。在此面板中可以设置"品质""分辨率""帧率""渲染区域时间"等多种参数。单击"输出模块"右侧的蓝色文字，打开"输出模块设置"对话框，参数如图10-22所示，在"格式"一栏中可以选择多种格式，2023版本新增了H.264格式，可以直接导出MP4文件，此处以新增内容为例。

图10-21

图10-22

04 在"渲染队列"窗口中，单击"输出到"右侧的文件名称文字，打开"将影片输出到"对话框，设置输出文件需要放置的位置，并对文件名称进行修改，如图10-23所示，完成操作后，单击"保存"按钮。

图10-23

05 完成上述操作后，在"渲染队列"窗口中单击"渲染"按钮，开始渲染影片，渲染过程中，面板上方的进度条会走动，渲染完毕后会有声音提示，如图10-24所示。

图10-24

06 渲染完毕后，在设置的路径文件夹中可以找到输出的格式文件，并对其进行播放预览，如图10-25和图10-26所示。

图10-25

图10-26

10.6
本章小结

本章介绍了数字视频的压缩基础，并介绍了一些常用的视音频格式，这些内容是视频渲染与输出的基础。在了解了视频渲染与输出的基础上，还详细阐述了渲染工作区的设置方法，并带领大家学习了渲染队列窗口、渲染模板等的相关设置，最后通过实例演示了影片的输出方法。希望读者能熟读本章内容，尽早掌握在After Effects 2023中输出影片的一系列操作。

第 11 章
综合实例——人物粒子消散特效

在影视制作中，人物消失特效是一种非常常见的特效技术。它可以让人物在画面中消失，营造出神秘、神奇的效果，增加影片的视觉冲击力。本章将介绍人物粒子消散特效的制作方法，本例结合了particular粒子、遮罩、蒙版、色相、线性颜色键等功能与操作。

扫码看教学视频

本章重点

◎ 蒙版的运用

◎ 线性颜色键的运用

◎ 时间轴多种模式开关的运用

◎ particular粒子参数设置

◎ 预合成的运用

◎ 插件的运用

11.1 案例分析

人物粒子消散特效制作过程可以分为三部分。

第一部分，人物抠像与合成。对绿幕素材进行精细处理，将人物抠出来，并与室内背景进行合成，如图11-1所示。

图11-2

第三部分，制作人物消散效果。使用蒙版功能制作人物随粒子消失的效果，如图11-3所示。

图11-1

第二部分，制作粒子效果。本案例制作的是人物粒子消散的效果，需要使用particular粒子插件制作粒子效果，如图11-2所示。

图11-3

11.2
人物抠像与合成

使用绿幕可以节约拍摄时间，降低影片成本。在拍摄完成后，需要使用绿幕抠像功能，将人物从背景中分离出来。

01 导入素材。启动After Effects 2023软件，单击主页"新建项目"按钮，按快捷键Ctrl+I，导入"人物.mp4""室内.png"素材并拖入"时间轴"面板，如图11-4所示。

图11-4

02 添加抠像效果。在"效果和预设"面板中搜索"线性颜色键"和"色相/饱和度"，拖至"人物.mp4"图层上。"效果控件"面板如图11-5所示。

03 调整抠像效果。单击"线性颜色键"中的颜色吸管工具 ，吸取"合成"面板中的绿色，如图11-6所示，此时会发现人物有一层绿色的描边，如图11-7所示。

04 调整色相效果。在"色相/饱和度"的"通道控制"下拉列表中选择"绿色"选项。将"绿色饱和度"和"绿色亮度"参数改为−100，如图11-8所示。调整后的效果如图11-9所示，可以看到绿色描边减弱了很多。

05 添加颜色效果。在"效果和预设"面板中搜索"Lumetri 颜色"效果，拖至"人物.mp4"图层上，展开"基本校正"栏，单击"自动"按钮，如图11-10所示。为了与室内色温色调同步，将"色温"参数改为10，"色调"参数改为3。调整后的效果如图11-11所示。

图11-5

图11-6

图11-7

图11-8

图11-9

图11-10

图11-11

11.3
制作粒子效果

下面使用插件Particular粒子使项目看起来更酷炫。

01 添加粒子效果。在"时间轴"面板中右击，在弹出的快捷菜单中选择"纯色"选项，在打开的"纯色设置"对话框中设置参数，如图11-12所示，单击"确定"按钮新建"纯色"图层。

图11-12

02 在"效果与预设"面板中搜索"Particular"，拖至"粒子"图层上。合成窗口如图11-13所示。

图11-13

03 制作粒子路径。选中"人物.mp4"图层，按快捷键Ctrl+D复制一层，打开复制的"独奏"开关，如图11-14所示，将时间设置为0:00:04:00，使用"工具栏"中的"钢笔工具"绘制多边形蒙版，如图11-15所示。

图11-14

图11-15

04 创建粒子路径关键帧。在"蒙版"栏中为"蒙版1"创建"蒙版路径"关键帧，如图11-16所示。将时间设置为0:00;08:00，移动蒙版位置，如图11-17所示。保证4秒之前及8秒之后不会出现人物。

图11-16

图11-17

05 创建预合成。选中复制的"人物.mp4"图层，右击，在弹出的快捷菜单中选择"预合成"选项，设置预合成参数如图11-18所示，打开"粒子遮罩"图层的"3D开关"，如图11-19所示。

图11-18

图11-19

06 调整粒子效果。关闭复制层的"独奏"开关，选中"粒子"图层，在"效果控件"面板中将"发射器类型"改为"图层"，如图11-20所示。在"效果控件"面板中将"图层发射器"中"图层"参数改为"3.粒子遮罩"，如图11-21所示。

07 调整粒子效果。在"效果控件"面板中"发射器"栏下将"粒子/秒"参数改为100000，如图11-22所示，在"效果控件"面板中"粒子（主要）"栏下将"尺寸"参数改为10，如图11-23所示。

图11-20

图11-21

图11-22

图11-23

08 继续调整粒子效果。设置粒子向左上角飘散，在"效果控件"面板中"物理（主要）"栏下调整"空气"中的"风向X"和"风向Y"参数，参数如图11-24所示。此时效果如图11-25所示。

图11-24

图11-25

09 展开"效果控件"面板中"粒子（主要）"栏下的"尺寸随生命变化"参数，选择其中的"钢笔工具" ，在曲线上添加节点，调整曲线形态如

图11-26所示，多余的节点可以选中后按Delete键删除。"透明度随生命变化"曲线也同样调整，如图11-27所示。

图11-26

图11-27

11.4
制作人物消散效果

制作人物粒子消散效果，使特效更加逼真。

01 创建人物底片。在"项目"面板中选中"粒子遮罩"图层，按快捷键Ctrl+D复制一层，选中并按Enter键修改名字为"人物底片"，如图11-28所示。将"人物底片"拖至"时间轴"面板中，删除"人物.mp4"图层，取消"粒子"图层"独奏"，隐藏"粒子遮罩"图层，如图11-29所示。

图11-28

图11-29

02 创建底片关键帧。在"时间轴"面板中双击"人物底片"图层，进入"人物底片"预合成中，如图11-30所示，将时间设置为0:00:04:00，选中"人物.mp4"图层，按两次M键，展开蒙版，如图11-31所示。

153

图11-30

图11-31

03 创建底片关键帧。在"合成"面板中修改蒙版形状，如图11-32所示。将时间设置为0:00:08:00，修改蒙版，如图11-33所示，以便让人物底片与粒子效果同步，不会露出破绽。

图11-32

图11-33

04 羽化底片，使消失效果过渡更为自然。在"时间轴"面板中修改"蒙版羽化"参数，如图11-34所示，返回"室内"合成，最终效果如图11-35所示。人物粒子消散效果制作完成。

图11-34

图11-35

第12章
综合实例——商业 MG 动画

MG 动画是目前比较热门的一种新兴动画形式，有别于普通动画，MG 动画主要是将文字和图形加上一些运动修饰进行动态化演示，因而短小精悍、生动有趣，同时传达信息的效果更强。

本章通过制作一个快递宣传MG 动画，学习使用After Effects 制作MG 动画的方法。

本章重点

◎ Motion3插件的运用   ◎ 关键帧参数的把控

◎ 动画先后顺序的判断   ◎ 效果控件的精确运用

12.1 案例分析

本快递宣传MG动画主要由三部分组成。

第一部分，场景动画。在5秒时间内，按照从低到高、从远到近、从自然生态到人为设施的方式，将天空、云朵、群山、建筑、树木等场景元素分别显示出来，如图12-1所示。

第二部分，汽车动画。快递运输车从左至右驶入画面，并显示出广告语，如图12-2所示。

图12-1

图12-2

第三部分，LOGO动画。快递公司LOGO以动画的形式呈现，给观众留下深刻的印象，如图12-3所示。

图12-3

12.2
场景动画

快递是联系卖家与买家之间的纽带，在现代生

活中，快递不仅仅是一种简单的物流服务，更是一种生活方式和文化。本场景动画依次出现天空、群山、建筑和树木，在丰富画面的同时，也暗示着快递服务的对象和环境。

12.2.1　地面及树木动画

为了方便读者制作，这里已经将各场景元素导入合成，下面制作各元素的动画效果。

扫码看教学视频

01 导入工程文件。启动After Effects 2023软件，按快捷键Ctrl+O，打开素材文件夹中的"商业MG动画.aep"项目文件。在"项目"面板中双击"前合成"图层，"合成"面板如图12-4所示。

图12-4

02 移动地面锚点。在"时间轴"面板中找到"地面"预合成，双击打开，选中"草地"图层，使用Motion3插件将锚点移动至底边中心，如图12-5所示。

> 提示：如果没有安装插件，也可以使用"工具栏"中的"锚点工具"[图] 移动锚点。

03 制作"地面"前动画。按S键打开"缩放"参数，创建关键帧动画，在0:00:00:00时设置参数为0%，在0:00:01:00时设置参数为100%，效果如图12-6所示。

图12-5

图12-6

04 调整动画效果。选中全部关键帧，在Motion插件面板中单击预设曲线修改速度，如图12-7所示。也可以先选中全部关键帧，再在"时间轴"面板中单击"图标编辑器"进行编辑。

图12-7

05 制作"地面"后动画。返回到"前合成"预合成，选中"地面"预合成，按S键打开"缩放"参数，创建关键帧动画，在0:00:00:00时设置参数为0%，在0:00:01:00时设置参数为24.5%，在Motion插件面板中单击预设曲线修改速度，如图12-8所示。

图12-8

06 制作天光动画。选中"天光.png"图层，在Motion3插件中将锚点移至底边中心，按S键展开"缩放"参数，在0:00:00:20时创建关键帧，设置参数为0%。在0:00:01:20时创建关键帧，设置参数为30%，选中全部关键帧，在Motion插件面板中单击预设曲线修改速度，最终效果如图12-9所示。

图12-9

07 移动"树1"锚点。双击打开"树1"预合成，使用"工具栏"中的"锚点工具"将"一层""二层""三次"的锚点分别移动到它们的底边中心，如图12-10所示。此处以"一层"举例，"二层"和"三层"锚点位置已经在图中标出。

图12-10

08 制作"树1"前动画。按S键展开"一层"图层的"缩放"参数，在0:00:00:15时创建关键帧，设置参数为0%，在0:00:01:00时创建关键帧，设置参数为100%，"二层"图层的"缩放"参数与时间差相同，但从0:00:00:20时开始，"三层"是0:00:00:25时开始。最后选中全部关键帧，在Motion插件面板中单击预设曲线修改速度，如图12-11所示。

图12-11

09 制作"树2"前动画。返回"前合成"预合成，双击打开"树2"预合成，选中"树叶"图层，使用"锚点工具"将锚点移动至树叶正中间，打开"缩放"参数，在0:00:00:15时创建关键帧，参数为0%，在0:00:01:00时创建关键帧，参数为100%，选中全部关键帧，在Motion插件面板中单击预设曲线修改速度。最终效果如图12-12所示。

10 制作"树1"和"树2"后动画。返回"前合成"预合成，选中所有的"树1"和"树2"，展开"缩放"参数，在0:00:00:00时创建关键帧，设置参数为0%，在0:00:00:15时创建关键帧，设置参数如图12-13所示。

图12-12

图12-13

11 调整出现时间。选中全部关键帧，使用Motion3插件将锚点移动全底边中心，在Motion插件面板中单击预设曲线修改速度。最后将图层时间错开，如图12-14所示。

图12-14

至此，场景动画制作完毕。

12.2.2 建筑动画

01 双击打开"房子1"预合成，将锚点移动至图12-15所示位置处。

02 制作"房子1"前动画。选中"烟"图层，按P键展开"位置"参数，按快捷键Shift+T展开"不透明度"参数，在0:00:01:00时设置关键帧，参数分别为（577，215）和0%，在0:00:02:00时设置关键帧，参数分别为（577，174）和100%，选中全部关键帧，在Motion插件面板中单击预设曲线修改速度，效果如图12-16所示。

扫码看教学视频

提示： 此处需要在"时间轴"面板中将"烟"图层移至"二层"图层下方。

图12-15

图12-16

03 制作"房子1"后动画。返回"前合成"预合成，选中"房子1"预合成，展开"缩放"参数，在0:00:00:00时创建关键帧，参数为0%，在0:00:01:00时创建关键帧，参数为30%，使用Motion3插件将锚点移动至底边中心，选中全部关键帧，在Motion插件面板中单击预设曲线修改速度。最后错开图层时间，如图12-17所示。

图12-19

05 制作"房子2"后动画。返回"前合成"预合成，设置"房子2"预合成"缩放"关键帧在0:00:00:00时参数为0%，在0:00:01:00时参数为35%，使用Motion3插件将锚点移动至底边中心，选中全部关键帧，在Motion插件面板中单击预设曲线修改速度，最后错开图层时间，如图12-20所示。

图12-17

04 制作"房子2"前动画。按照"房子1"的方式，对"房子2"进行处理，将五扇窗户锚点移动至中心，如图12-18所示，对五扇窗户进行缩放处理，以"窗户1"图层为例，展开"缩放"参数，设置0:00:00:00时关键帧参数为0%，设置在0:00:01:00时关键帧参数为100%，选中全部关键帧，在Motion插件面板中单击预设曲线修改速度。"窗户2"图层是从0:00:00:10时开始，"窗户3"图层从0:00:00:20时开始，以此类推，最后关键帧效果如图12-19所示。

图12-20

06 制作"发电厂"动画。"发电厂"预合成同理，"烟囱"图层处理方法参考12.2.1节步骤（08），"树1"预合成中的"一层"图层处理方法（在0:00:00:00时参数为0%，在0:00:01:00时参数为100%）。"烟"图层则参考12.2.2节步骤（02），"房子1"预合成中"烟"图层处理方法（在0:00:01:00时参数分别为（707，780）和0%，在0:00:02:00时参数分别为（707，724）和100%）。在"前合成"预合成中，设置"发电厂"预合成"缩放"关键帧，在0:00:00:00时参数为0%，在0:00:01:00时参数为35%，使用Motion3插件将锚点移动至底边中心，选中全部关键帧，在Motion插件面板中单击预设曲线修改速度，最后错开图层时间，如图12-21所示。

图12-18

图12-21

提示：若是觉得动画时间太短，可以拉长两个关键帧之间的距离；若是觉得动画时间太长，可以缩短两个关键帧之间的距离。

07 制作"风力发电"动画。在"前合成"预合成中双击打开"风力发电"预合成,将"扇叶"图层锚点移动至中心,如图12-22所示。

图12-22

08 在Motion3中单击右下角工具图标█,选择"自旋"选项,如图12-23所示,效果如图12-24所示。

09 制作"太阳能"发电动画。返回"前合成"预合成,双击打开"太阳能发电"预合成,打开"太阳能板"图层的"3D开关",按R键展开"旋转"参数,给"x轴旋转"创建关键帧,在0:00:01:00时参数为0x+0°,在0:00:01:15时参数为0x-45°。选中全部关键帧,在Motion插件面板中单击预设曲线修改速度,最终效果如图12-25所示。

10 调整出现时间。返回"前合成"预合成,选中

所有的"风力发电"和"太阳能发电"预合成,设置"缩放"关键帧,在0:00:00:00时参数为0%,在0:00:01:00时的参数如图12-26所示。

图12-23

图12-24   图12-25

图12-26

11 使用Motion3插件将锚点移动至底边中心,选中全部关键帧,在Motion插件面板中单击预设曲线修改速度,最后将时间错开,如图12-27所示。

图12-27

12.2.3 天空及山峰动画

01 创建遮罩素材。在"前合成"预合成中双击"山2"预合成,在"时间轴"面板中右击新建"纯色"图层,参数如图12-28所示。

扫码看教学视频

02 制作遮罩效果。选中"纯色"图层,按P键展开"位置"参数创建关键帧,在0:00:01:00时参数为(1142.5,-1328),在0:00:02:00时参数为(1142.5,-389)。选中全部关

键帧，在Motion插件面板中单击预设曲线修改速度。开启轨道遮罩，选择遮罩"2.雪"，效果如图12-29所示。

图12-28

图12-29

03 制作"山2"动画。返回"前合成"预合成，选中"山2"预合成，展开"缩放"参数，在0:00:00:00时创建关键帧，参数为0%，在0:00:01:00时创建关键帧，参数为25%，使用Motion3插件将锚点移动至底边中心，选中全部关键帧，在Motion插件面板中单击预设曲线修改速度，最后错开图层时间，如图12-30所示。

图12-30

04 制作"山1"动画。按照"山2"的方式对"山1"进行处理，"纯色"图层在0:00:01:00时参数为（985.5，-1145），在0:00:02:00时参数为（985.5，-337.75）。"山1"预合成在0:00:00:00时参数为0%，在0:00:01:00时参数为30%，使用

Motion3插件将锚点移动至底边中心，选中全部关键帧，在Motion插件面板中单击预设曲线修改速度，最后错开图层时间，如图12-31所示。

图12-31

05 制作"热气球"动画。选中"热气球"预合成，双击打开，选中"底座"图层，按P键展开"位置"参数，设置关键帧，在0:00:01:00时参数为（340，180），在0:00:02:00时参数为（340，495），选中全部关键帧，在Motion插件面板中单击预设曲线修改速度。返回"前合成"预合成，选中"热气球"预合成，按P键展开"位置"参数，设置关键帧，在0:00:00:00时参数为（1514，-150），在0:00:01:00时参数为（1514，448）。选中全部关键帧，在Motion插件面板中单击预设曲线修改速度，最后错开图层时间，如图12-32所示。

图12-32

06 制作"太阳"动画。选中"太阳"预合成，双击打开，选中"边"图层，在Motion3插件中添加"自旋" ○ 效果。返回"前合成"预合成，选中"太阳"预合成，按P键展开"位置"参数，设置关键帧，在0:00:00:00时参数为（284，-160），在0:00:01:00时参数为（284，238）。选中全部关键帧，在Motion插件面板中单击预设曲线修改速度，最后错开图层时间，如图12-33所示。

图12-33

07 制作"云"动画。选中全部"云"图层，按P键展开"位置"参数，设置关键帧，在0:00:00:00时的参数如图12-34所示。

图12-34

08 在0:00:01:00时的参数如图12-35所示。

图12-35

09 选中全部关键帧，在Motion插件面板中单击预设曲线修改速度，最后错开图层时间，如图12-36所示。

图12-36

12.3
汽车动画

01 制作"轮胎"动画。选中"汽车"预合成，双击打开，将"前轮"和"后轮"图层锚点移动至轮胎中心，如图12-37所示，在Motion3插件添加"自旋"效果，并在"效果控件"面板中勾选"反转"复选框。

扫码看教学视频

02 制作"汽车"动画。返回"前合成"预合成，选中"汽车"预合成，展开"位置"参数，在0:00:00:00时创建关键帧，参数为（-288，876），在0:00:01:00时创建关键帧，参数为（928，876），

错开图层时间，如图12-38所示。

图12-37

图12-38

03 调整"车轮"动画。此时会发现，车停在原地，但是车轮还在运动，返回到"汽车"预合成，在"效果控件"面板中对"启用"创建关键帧，参数如图12-39所示。

04 制作"文本框"动画。此时，我们需要导入新的素材，按快捷键Ctrl+I，导入"文本框.png"素材，并拖入"时间轴"。选中"文本框"图层，使用Motion3插件将锚点移动至底边中心，按S键展开"缩放"参数，创建关键帧，在0:00:07:00时参数为0%，在0:00:08:00时参数为100%，在Motion插件面板中单击预设曲线修改速度。最终效果如图12-40所示。

图12-39

图12-40

05 创建"文本框"合成。选中"文本框"图层，右击，在弹出的快捷菜单中选择"预合成"选项，参数如图12-41所示。

图12-41

06 创建文本框文字。在"文本"预合成中，使用"横排文字工具"在"合成"面板中创建文本"急速速递，上午寄下午到"，如图12-42所示。

图12-42

07 在"效果与预设"面板中搜索"文字处理器"，拖至文本图层上，给"效果空间"中的"滑块"创建关键帧，在0:00:00:00时参数为0，在0:00:00:00时参数为11，错开图层时间，如图12-43所示。

图12-43

12.4
LOGO 动画

12.4.1 导入 LOGO 文件

01 导入LOGO工程文件。面对各种各样的需求，使用现有的素材和工程文件也是一个不错的选择，按快捷键Ctrl+I导入"LOGO.aep"文件，如图12-44所示。

扫码看教学视频

图12-44

02 双击打开"后合成"预合成，将"项目"面板中的"LOGO合成"预合成拖入"项目"面板，双击打开"logo"预合成，如图12-45所示。

03 制作LOGO动画。按快捷键Ctrl+I导入"logo.png"素材，拖至"时间轴"面板，对其"缩放"和"位置"参数进行调整，最终效果如图12-46所示。

04 调整LOGO文本。删除两个文本图层，使用"横排文本工具"重新输入"急速速递"，对参数进行调整，结果如图12-47所示。

图12-45

图12-46

图12-47

12.4.2　过渡动画

01 修改合成设置。接下来为"前合成"和"后合成"制作过渡动画,在"项目"面板"前合成"上右击,在弹出的快捷菜单中选择"合成设置"选项,打开"合成设置"对话框,将"持续时间"改为20秒,如图12-48所示。

扫码看教学视频

02 延长合成时间。在"总合成"预合成中,将"前合成"预合成延长,如图12-49所示,拖至最后。

图12-48

图12-49

03 延长素材时间。同埋,对"前合成"预合成和素材预合成进行相同操作,如图12-50所示。

图12-50

04 添加效果。在"时间轴"面板右击,在弹出的快捷菜单中执行"新建"|"调整图层"命令,在"效果与预设"面板中搜索"高斯模糊",拖至"调整图层"上,如图12-51所示。

图12-51

05 调整效果。在"效果控件"面板中给"模糊度"创建关键帧,在0:00:09:00时参数为0,在0:00:10:00时参数为30,最终效果如图12-52所示。

06 调整图层位置。最后在"总合成"中调整图层之间的位置,最终效果如图12-53所示。

图12-52

图12-53